设施丝瓜高效栽培新技术、新模式

冯 翠 主编

中国农业出版社

北 京

编 委 名 单

主　编　冯翠

副主编　刘慧颖　吉　茹　冯英娜

参　编　衣政伟　钱　巍　施菊琴　姜小三

　　　　雍明丽　马　政　刘云飞　张然然

　　　　栾改琴　陈春生　郭兆枢　倪维晨

　　　　吴扣兰　孟　歌　罗有菁　苏小俊

目录

第一章 丝瓜概述

一、丝瓜的起源与传播

丝瓜（学名：*Luffa aegyptiaca* Miller），又名天萝、水瓜、菜瓜、胜瓜、天络瓜等，为葫芦科丝瓜属，一年生攀缘草本植物，原产于热带亚洲地区，喜温暖湿润性气候。大约在唐末宋初传入我国，到明代已广泛种植。

据明代《本草纲目》记载，1 300多年前的唐代就有丝瓜种植。

宋代诗人杜汝能在《丝瓜》中写："寂寥篱户入泉声，不见山容亦自清。数日雨晴秋草长，丝瓜沿上瓦墙生。"

宋代诗人君端在《春日田园杂兴》记载有"白粉墙头红杏花，竹枪篱下种丝瓜"。

明代诗人苏仲在《种蔬》中写："角豆穿篱石，丝瓜绕屋椽。打畦分嫩韭，春雨翠呈鲜。"

明代诗人顾清在《丝瓜棚成次三江韵》中记载："丝瓜生而蔓，蔓缘棚着花。棚成蔓斯衍，蔓远实转加。"

丝瓜分为普通丝瓜（*L. aegyptiaca*）和有棱丝瓜［*L. acutangula*（L.）Roxb.］两个种。丝瓜适应性强，在世界温带、热带地区广泛栽培，在我国南北各地也普遍栽培，近几年栽培面积不断扩大。生产主要集中在南部及华东地区，如海南、广东、广西、福建、湖南、湖北、四川、江苏和浙江等地，种质资源也大多分布于这些地区。生产上华南地区以生产有棱丝瓜为主，其他地区以生产普通丝瓜为主。

二、丝瓜的价值

丝瓜营养价值丰富，是我国瓜类蔬菜主栽种类之一，味道鲜美、滑嫩，深受人们喜爱。

1. 丝瓜的营养 丝瓜含有丰富的蛋白质、脂肪、粗纤维、糖类、B族维生素、维生素 C、木糖胶，以及钙、磷、铁等多种矿物质，含有人参中所含有效活性成分——皂苷；其蛋白质含量比南瓜、冬瓜、黄瓜高 2~3 倍，钙的含量也比其他瓜类蔬菜高出 1~2 倍。

2. 丝瓜的美容作用 丝瓜还是一种"美容作物"，日本专家发现其茎液具有美容、去皱之功能。其所含的维生素 B_1 可防治皮肤老化，维生素 C 能使皮肤增白，其藤茎的汁液可促进皮肤保持弹性，还能美容去皱。

3. 丝瓜的药用价值 丝瓜含有甾醇三萜及皂苷类，黄酮体和酚类，蛋白质和氨基酸类，油脂和有机酸等几大类化合物和多种化学单体等活性成分，有特殊的保健价值；丝瓜全身是宝，其种子、瓜络、叶、花、藤、根等均有不同的作用。

丝瓜种子可用于治疗月经不调、腰痛不止、食积黄疸，具有润肠通便等作用。丝瓜藤有祛咳镇痰、舒筋活血、健脾杀虫、清热消暑等作用，已在临床上取得应用。丝瓜叶内服清暑解热，外用消炎杀菌，且丝瓜叶中含有的皂苷，具有促进记忆的获得、巩固和再现的作用。丝瓜根具有杀菌消炎、去腐生肌之效。丝瓜络具有通经活络、促进血液循环的作用，可治疗妇科疾病以及气血滞瘀导致的头昏、胸痛等问题。丝瓜伤流液俗称天罗水，可用来缓解肺痈及咳嗽头痛、酒精中毒等。

丝瓜全身都可入药，被人们誉为"瓜果药材"。李时珍在《本草纲目》中就曾说丝瓜"清热利肠"。日本有学者近年研究发现接近地面的丝瓜茎含人参有效活性成分，目前已鉴定出人参皂苷 Re 和人参皂苷 Rgi 两种。这一发现使丝瓜受到更多消费者的关注而"身价倍增"。

4. 丝瓜在植物保护上的作用　丝瓜含有毒素和生物碱，具有治虫和灭菌的效果。丝瓜果实加适量水，捣烂去渣取原液，再加水可作喷雾防治菜青虫、红蜘蛛、麦蚜虫、菜螟虫。据刘桂智等研究，用丝瓜伤流液作保鲜剂，能抑制食用菌的代谢活性，防止腐烂，延长保鲜期，对部分真菌也有较强的抑制活性。

三、丝瓜生产现状与存在问题

丝瓜适应性强，营养价值高，经济效益好，已成为我国春季和秋季主栽瓜类蔬菜之一，在我国南北均有栽培。丝瓜栽培过去一直以露天零星栽培和与其他作物间套作为主，多见于春季栽培，夏秋季上市，所用品种多为地方品种。近年来，丝瓜的生产呈扩大趋势，从品种上看，经历了从使用地方品种到地方品种提纯复壮，再到杂交品种利用的过程；从栽培模式上看，由春夏栽培，发展到春夏、夏秋、秋冬、冬春四季栽培；从栽培技术上看，由露地栽培发展到露地加地膜，小棚、大棚、大棚套小棚、日光温室等不同设施栽培技术；栽培方式也由过去单一的露地栽培转向露地和保护地栽培并存；栽培区域已从南方地区扩展到西部及北部地区等。

但在丝瓜生产和留种、制种工作中仍存在一些问题。如幼苗期温度、光照、水分等不适宜会导致幼苗徒长；高温天气、氮肥用量大或保护地授粉不良时容易发生化瓜现象；因疫病、绵疫病、黑根霉病、病毒病等易发而引起烂瓜；因夏季高温高湿天气引起白粉病、霜霉病等病害发生；因多年连续种植引发根结线虫病，极大影响丝瓜产量等。这些均制约着丝瓜产业的发展。

第二章 丝瓜生物学特性

一、植物学特征

（一）根系

丝瓜的根为直根系，根系极为发达，主根入土可达100厘米以上，吸收肥水能力强；侧根再生能力强，主要分布于30厘米耕作层中；茎节处易生不定根，和主根、侧根一起形成强大的吸收根系。由于根系吸收能力强，生产管理中深翻土壤和增施有机肥，有利于促进丝瓜根系的发展。

（二）茎蔓

丝瓜的茎为蔓生，绿色，有5棱，茎蔓生长势旺盛，主蔓长度可达10~15米，分枝能力强，但一般只生一级侧枝，不同丝瓜品种茎蔓长度、茎节长度以及分枝能力等都有一定的差异。主蔓、侧蔓均可结瓜，生长前期以主蔓结瓜为主，后期以侧蔓结瓜为主。茎上每节有卷须，以缠绕支持物使茎蔓向前爬伸，生长势较强。

（三）叶

单叶互生，有长柄，叶柄粗糙，具不明显的沟，长10~12厘米。叶片掌状心形或近圆形，长、宽均10~20厘米，通常掌状5~7裂，裂片三角形，中间的较长，8~12厘米，顶端急尖或渐尖，边缘有锯齿，基部深心形，弯缺深2~3厘米、宽2~2.5厘米，上面深绿色，粗糙，有疣点，下面浅绿色，有短柔毛，脉掌状，具有白色的短柔毛。

(四) 花

雌雄异花同株。雄花通常 15～20 朵花，生于总状花序上部，花序梗稍粗壮，长 12～14 厘米，被柔毛；花梗长 1～2 厘米，花萼筒宽钟形，直径 0.5～0.9 厘米，被短柔毛，裂片卵状披针形或近三角形，上端向外反折，长 0.8～1.3 厘米、宽 0.4～0.7 厘米，里面密被短柔毛，边缘尤为明显，外面被毛较少，先端渐尖，具 3 脉；花冠黄色，辐状，开展时直径 5～9 厘米，裂片长圆形，长 2～4 厘米、宽 2～2.8 厘米，里面基部密被黄白色长柔毛，外面具 3～5 条凸起的脉，脉上密被短柔毛，顶端钝圆，基部狭窄；雄蕊通常 5 枚，偶见 3 枚，花丝长 6～8 毫米，基部有白色短柔毛，花初开放时稍靠合，最后完全分离，药室多回折曲。

雌花单生，花梗长 2～10 厘米，子房长圆柱状，有柔毛，柱头 3 个，膨大。早熟品种一般是在主蔓的第 7 节左右着生第 1 朵雌花，晚熟品种在第 20 节以上才有雌花。侧蔓上的第 1 朵雌花一般要比主蔓上的低 2～5 个节位。

(五) 果实

瓠瓜，由子房发育而成。果实短圆柱形至长棒形，直或稍弯，长 15～30 厘米，直径 5～8 厘米，表面平滑，皮色绿，通常有深色纵条纹，表面粗糙，果肉淡绿白色，未成熟时肉质，成熟后干燥，里面呈网状纤维，由顶端盖裂。老熟后的瓜瓤是分布在中果皮内的维管组织，纤维发达。嫩果表面有茸毛。

(六) 种子

丝瓜的种子呈黑色、灰白色等，椭圆形，千粒重 85～170 克。

普通丝瓜种子表面光滑，有翅状边缘；有棱丝瓜种子表面粗糙，有纹路。

二、生长发育周期

一般丝瓜的生长周期约为半年，根据气候冷暖，丝瓜生长期可分为发芽期、幼苗期、抽蔓期、初花坐瓜期、盛果期和衰老期等6个时期。

（一）发芽期

从种子萌动到第1片真叶破心出现为发芽期，需7～10天。主要靠消耗种子本身的营养物质供应胚芽萌动生长及胚根伸长。由于种子较小，贮藏的营养物质有限，所以发芽时间越长，幼苗越弱。发芽期给予适宜的温度和湿度促进出苗。一般丝瓜种子发芽出土期土壤含水量应达到16%，幼苗期保持土壤含水量14%～15%。在丝瓜种子萌动出土时，若空气相对湿度在50%以下，不利于顶土出苗，即使子叶顶出土面，种皮也不易脱落，这种现象俗称"戴帽出土"。

（二）幼苗期

从第1片真叶破心出现到植株长到4～5片叶为幼苗期，需15～25天，此期植株生长缓慢，茎直立，节间短，叶片小，绝对生长量较小，但花芽分化、新叶分化多，此期是产量形成的基础时期，其管理重点是培育壮苗。此时花芽已开始分化，环境条件对雌花分化时间、数量及质量等都有影响。

（三）抽蔓期

从4～5片叶长出到现蕾前为抽蔓期，约需20天。进入抽蔓期茎叶生长速度加快，节间逐渐伸长，从直立生长变为蔓性生长，这一阶段是营养生长向生殖生长的转折过渡期。在栽培管理上，抽蔓前期应以促为主，建成强大的营养体系，抽蔓后期应以控为主，促进开花坐瓜。此时植株需水量和需肥量开始增大，注意及时施肥浇水。

（四）初花坐瓜期

从现蕾到根瓜（丝瓜结的第 1 个瓜）坐瓜为初花坐瓜期，需 20～25 天。丝瓜在花后 18 天左右果实最重，采收嫩果一般在花后 10 天左右，此时品质最佳。

（五）盛果期

根瓜采收后，丝瓜即进入盛果期，一般维持 60～80 天，如管理得当，结果盛期可延长达 5～6 个月。

（六）衰老期

从盛果期到拉秧为衰老期，一般为 1～2 个月。

三、对环境条件的要求

丝瓜为喜温性蔬菜，耐热不耐寒，喜湿；属于短日照植物，夏天或北方的长日照抑制丝瓜雌、雄花发生，延迟开花结果；对土壤适应性广，但以保水保肥好的壤土或沙壤土为宜。喜肥，生长期需供应充足的氮、磷、钾肥料。

（一）丝瓜对温度的要求

丝瓜起源于高温多雨的热带，喜高温潮湿，耐湿、耐热性强，但不耐寒。在影响丝瓜生长发育的环境条件中，以温度最为敏感。

丝瓜种子发芽期适温为 28℃；生长适宜的月平均温度为 18～24℃，幼苗有一定的耐低温能力，在 18℃左右时还能正常生长；开花结果期要求比较高的温度，一般适温为 26～30℃，30℃以上也能正常发育，当温度超过 40℃时，植株生理机能失调，发育不良。丝瓜根系生长的适宜土壤温度为 28～33℃，最低土壤温度为 10℃。

（二）丝瓜对光照的要求

丝瓜属短日照植物，有棱丝瓜比普通丝瓜对日照的要求更严，在短日照条件下能提早结瓜。不同丝瓜品种对光照长短的敏感程度有所不同，一般来说，早熟品种对日照长度的反应不敏感，而对温度的反应较为敏感；相反，晚熟品种对光照长短的反应比较敏感。在长日照下，雄花和雌花着生的节位提高。强光照是促进丝瓜植株健壮生长、进行优质高产栽培的重要条件。在植株生长发育的前期，需要短日照和稍高的温度，以促进茎叶生长和雌花分化；进入开花结果期后，需要强光和较高的温度，以利于植株营养生长和生殖生长。

（三）丝瓜对水分的要求

丝瓜生长需要充足的水分条件，丝瓜性喜潮湿，耐湿不耐干旱，要求有较高的土壤湿度，土壤的相对含水量达 65%～85%时生长最好。丝瓜要求中等偏高的空气湿度，在生长旺盛期所需的最小空气湿度不能低于 55%，适宜的空气湿度为 75%～85%。丝瓜不同生育期对水分的要求是：发芽期需水较多，以利于快速出苗；幼苗期和抽蔓期需水较少；盛果期需水最多，须保持较高的土壤湿度。

（四）丝瓜对土壤养分的要求

丝瓜对土壤的适应性强，对土壤要求不严，一般土壤条件下都能正常生产，但以土质疏松、有机质含量高、通气性良好的壤土或沙壤土栽培最好。由于丝瓜是以连续采摘嫩瓜为产品，因而对肥料的需求量较大，特别是对氮、磷、钾肥需求较多，但在植株的不同生长阶段，这 3 种元素的配比也会有所不同。尤其在花果盛期，对磷钾肥需要更多。大棚栽培时，基肥要多施有机肥和磷钾肥，氮肥不宜施用过多，以免引起丝瓜徒长，延迟开花结果，甚至引起化瓜现象。在田间栽培管理中应该注意：丝瓜根系对高浓度肥料的耐受性差，如果在离丝瓜根部较近的土壤中施用高浓度的肥料会造成丝瓜生理性缺水，植株生长受阻，严重时藤蔓生长停止，因此丝瓜施肥时应掌握"淡肥勤施"的原则。

第三章 丝瓜栽培的设施类型

一、塑料大棚

塑料大棚俗称冷棚，与日光温室相比，其具有结构简单、建造容易、使用方便、投资较少、有效栽培面积大等优点；与露地生产相比，其具有较大的抗灾能力，可进行提早或延后栽培。按建筑材料可分为竹木结构、混合结构、钢架结构等类型。

（一）竹木结构大棚

竹木结构大棚是大棚初期的一种类型，目前在我国北方仍广泛应用。一般跨度为 8～12 米，长度 40～60 米，中脊高 2.4～2.6 米，两侧肩高 1.1～1.3 米。有 4～6 排立柱，横向柱间距 2～3 米，柱顶用竹竿连成拱架；纵向柱间距为 1～1.2 米。其优点是取材方便，造价较低，且容易建造；缺点是棚内立柱多，遮光严重，作业不方便，不便于在大棚内挂天幕保温，立柱基部易朽，抗风雪能力较差，使用寿命 5 年左右。为减少棚内立柱数量，建造了悬梁吊柱式竹木结构大棚，即在拉杆上设置小吊柱，用小吊柱代替部分立柱。小吊柱用 20 厘米长、4 厘米粗的木杆，两端钻孔，穿过细铁丝，下端拧在拉杆上，上端支撑拱杆。

（二）混合结构大棚

棚型与竹木结构大棚相同，使用的材料有竹木、钢材、水泥构建等多种。一般拱杆和拉杆多采用竹木材料，而立柱采用水泥柱。混合结构的大棚较竹木结构大棚坚固、耐久，抗风雪能力强，在生产上也应用得比较多。

(三) 钢架结构大棚

一般跨度为 10～15 米，高 2.5～3.0 米，长 30～60 米。拱架是用钢筋、钢管或两者结合焊接而成的弦形平面桁架。平面桁架上弦使用径粗为 16 毫米的钢管制成，下弦使用径粗为 12 毫米钢筋，腹杆用径粗为 6～9 毫米的钢筋，两弦间距 25 厘米。拱架上覆盖塑料薄膜，拉紧后用压膜线固定。这类大棚造价较高，但无立柱或少立柱，室内宽敞，透光好，作业方便，棚型坚固，使用年限长。

二、日光温室

日光温室是指东、西、北三面有保温性能比较好的围墙，单面采光的温室。它是以太阳辐射为能源，在不十分寒冷的地区冬季不加温就可以进行冬季蔬菜生产的设施类型。通常高度在 3 米以上，跨度 8～10 米，墙体有土墙、砖墙、石墙、复合墙体等，骨架材料有竹木结构、钢架结构以及钢竹混合结构。由于各地气候条件、栽培形式、技术水平的差异，各地的日光温室也形式多样，目前生产上主要有以下 3 种。

(一) 冀优Ⅱ型日光温室

该温室是河北省固安县研制的一种钢管加强架的全无立柱日光温室。该温室采光性能好，保温效果也好，适宜华北平原中北部使用。

(二) 鞍Ⅱ型日光温室

该温室是由鞍山市园艺研究所设计的一种无拱柱圆形日光温

室。前屋面为钢架结构，无立柱，后墙为砖与珍珠岩组成的异质复合墙体。该温室采光、增温、保温性能良好，利于作业。适宜早春种植。

（三）寿光日光温室

寿光日光温室的采光、蓄热、保温性能以及机械化程度和各种温室附属设施改良都有了较大提高。寿光日光温室合理的类型与结构为蔬菜作物正常生长发育，实现高产、稳产、优质提供了良好的设施环境条件，是产业发展的核心基础。

寿光日光温室的特点：一是光能利用率高，升温快，保温性能好，冬季棚内外温差能达到15℃，室内最低气温能达到5℃以上，特别适合喜温型蔬菜的生长；二是空间高大，操作方便。

第四章 丝瓜栽培类型、品种与季节

一、丝瓜栽培类型

丝瓜主要分为普通丝瓜和有棱丝瓜，生产上华南地区以有棱丝瓜为主，其他地区以普通丝瓜为主。

1. 普通丝瓜 别名圆筒丝瓜、蛮瓜等，生长期长，易于栽培，适应性强。果实圆柱形至长圆柱形，表面有的光滑、有的粗糙，并有数条墨绿色纵纹，无棱。种子扁平，表面光滑，有黑色、灰白色等，四周常带有羽状边缘。按其瓜的长度和粗度可分为短粗丝瓜和细长丝瓜，一般短粗丝瓜属早熟品种，而细长丝瓜为晚熟品种。

普通丝瓜皮色有白色、绿色等。白皮丝瓜如白玉丝瓜，短而粗，颜如玉，肉厚，有别于青皮丝瓜；该丝瓜适宜春、夏播种，结瓜早，采收期长。青皮丝瓜：如香丝瓜、江蔬1号、苏丝6号、长丰丝瓜等，市场上较为常见，瓜皮绿色，产量高。

2. 有棱丝瓜 又名棱角丝瓜、棱丝瓜、广东丝瓜等。植株长势比普通丝瓜稍弱，需肥多。果实长圆锥形棒状或纺锤形，具6～11条凸起的棱线。种子表面较厚，有粗糙而有规则的突起，无明显边缘。种子千粒重120～180克。

按其瓜大小又可分为长棱丝瓜和短棱丝瓜；瓜柱有上尖下粗和圆通之分。长棱丝瓜果实长棒形，长30～70厘米，有明显的棱线8～11条，皮厚，皮色青绿，无茸毛，肉质细嫩，清香味浓；短棱丝瓜果实纺锤形，长20～30厘米，瓜皮上有明显的棱线6～8

条，表皮光滑，内部纤维发达，品质较差，适用于采收小嫩瓜供食用。

二、丝瓜品种介绍

（一）五叶香丝瓜

（1）品种来源。江苏泰州地方品种。

（2）特征特性。极早熟，坐瓜节位低，第 5 节结第 1 瓜。节成性强，一般每节都能结瓜。商品瓜圆柱形，肉厚，瓜长 26～30 厘米，横径 6.5 厘米，单瓜重 500 克，香味浓，商品性好。耐低温、耐弱光，早期易坐瓜，适宜密植，抗病虫能力强；每亩*产量 3 500～5 000 千克。

（二）江蔬 1 号

（1）品种来源。江苏省农业科学院蔬菜研究所选育的长棒形丝瓜一代杂种。

（2）特征特性。该品种以主蔓结瓜为主，连续结瓜能力强，肥水充足则可同时坐瓜 3～4 条；早春气温较低时，一般花后 10 天左右可采收，盛果期一般花后 6～7 天即可采收。商品瓜长棍棒形，上下粗细基本匀称，瓜皮较光滑，绿色，色泽好，瓜面有绿色条纹；长度，前期一般 30～40 厘米，盛果期 45～55 厘米，后期 40～50 厘米；粗度，前期横径 3.5～4 厘米，盛果期 4～4.5 厘米，后期 4 厘米左右；品质好，果肉清香略甜，绿白色，肉质致密细嫩，耐老化，口感好；单瓜重 200～400 克；耐贮运；抗病毒病和霜霉病；每亩产量 4 000～5 000 千克。

---

* 亩为非法定计量单位，1 亩＝1/15 公顷。——编者注

（三）江蔬 2 号

（1）品种来源。江苏省农业科学院蔬菜研究所选育的杂交丝瓜新品种。

（2）特征特性。早熟，第 1 雌花节位在第 5 节，连续坐瓜能力强。果实长棒形，瓜长 45 厘米，横径 3.5 厘米，单瓜重 500 克左右。瓜皮绿色，皮薄，果肉白绿色，肉质细嫩，纤维少，略甜，不易老化。耐低温、抗病毒病和霜霉病，适合保护地和露地种植。较江蔬 1 号，该品种果实褐变程度轻，果皮更绿，果实更顺直。

（四）江蔬肉丝瓜

（1）品种来源。江苏省农业科学院蔬菜研究所选育的杂交丝瓜新品种。

（2）特征特性。早熟，早春栽培从出苗到第 1 朵雌花开花约需 55 天。连续结瓜能力强，可同时坐瓜 4～6 条；盛果期一般花后 7～9 天可采收，耐老化；瓜条圆筒形，瓜皮绿色；果长 33.8 厘米，横径 4.7 厘米；果肉绿白色，清香略甜，肉质致密细嫩，口感好；耐贮运；抗逆性较强。

（五）苏丝 6 号

（1）品种来源。江苏省农业科学院蔬菜研究所选育的杂交丝瓜新品种。

（2）特征特性。早熟，第 1 雌花节位低（平均在第 6 节），春夏季栽培从出苗到第 1 朵雌花开放约需 50 天；主蔓、子蔓均能结瓜，以主蔓结瓜为主；连续结瓜能力强，25 节内雌花着生率约 80％；结果初期花后 8～10 天可采收，盛果期花后 6～7 天可采收，高温期花后 5～6 天可采收。商品瓜长棒形，上下粗细基本匀称，瓜面有茸毛，瓜皮深绿色；瓜长约 40 厘米，横径 4 厘米，单瓜重

350 克；果肉绿白色，肉质致密细嫩，不褐变；耐贮运、耐低温，抗病毒病和霜霉病，丰产性好，每亩产量约 5 000 千克。

（六）丰邦 1 号

（1）品种来源。江苏地区香丝瓜类型。

（2）特征特性。植株蔓生，茎叶绿色，6～7 叶有雌花，瓜皮绿色，瓜长 20～25 厘米，粗 4.5 厘米左右，瓜圆柱形，肉厚，味道浓。

（七）碧绿

（1）品种来源。海南省农业科学院蔬菜研究所育成。

（2）特征特性。植株蔓生，长势旺盛。第 1 雌花着生于主蔓 8～12 节，主侧蔓均结瓜。瓜呈长条棒形，皮色碧绿，具 10 棱，棱墨绿色，瓜肉白色、柔软、味甜，商品率高，品质好。中早熟，从播种至始收约需 60 天，生育期 120 天左右。瓜长 60～70 厘米，横径 4.5～5.5 厘米，单瓜重 500～600 克，连续结瓜能力较强，亩产约 4 000 千克。耐贮运、耐寒、耐涝能力较强，适应性广；较抗霜霉病和疫病。

（八）白玉 1 号

（1）品种来源。早熟杂交一代品种。

（2）特征特性。短棒形，7～10 节结瓜，瓜长 18～24 厘米，横径 6～8 厘米，瓜条均直，表皮白色、光滑，瓜蒂部分略有绿晕，商品外形好。肉质嫩软，味微甜。适应性强，耐寒、耐热性好。

（九）白玉霜长丝瓜

（1）品种来源。武汉农家品种。

（2）特征特性。植株长势强，主蔓 15～20 节开始着生雌花，瓜呈长圆棒形。瓜长 60～70 厘米，横径 4～5 厘米，瓜皮淡绿色并有白色斑纹，单瓜重 300～500 克。耐热、耐涝，一般亩产 4 000～5 000 千克。

（十）寿光长绿丝瓜

（1）品种来源。寿光菜农筛选的适宜大棚栽培的长果型优质丝瓜品种。

（2）特征特性。植株蔓生，蔓长 4 米以上。叶片为掌状 5 裂单叶。长、宽均 25 厘米左右。商品瓜长棒形，果皮绿色，皮薄，瓜长 70～90 厘米，横径 3～5 厘米，上下粗细均匀，单瓜重 250～550 克。瓜肉白色，无筋，味甜质嫩，品质优。结瓜早，主蔓第 5 节至第 8 节出现第 1 雌花，第 10 节结第 1 瓜。节成性特别强，一般每隔 3～5 节结 1 瓜。雌花授粉后 12～15 天，瓜粗达到 3～5 厘米时，可采收上市。

（十一）寿光中绿丝瓜

（1）品种来源。寿光菜农筛选的适宜大棚栽培的中果型优质丝瓜品种。

（2）特征特性。植株蔓生，生长健壮，分枝力强。保护地栽培节节现雌花。瓜长圆柱形，果皮淡绿色，果肉厚、乳白色，品质上乘，瓜长 50～60 厘米，横径 4 厘米，单瓜重 300～500 克。

（十二）早生翠绿

（1）品种来源。上海市杂交一代丝瓜新品种。

（2）特征特性。早熟，植株蔓生，长势强，耐低温弱光，主蔓 6～9 节开始出现雌花，连续结瓜能力强。瓜皮翠绿油亮，果形为圆柱形，瓜长 20～25 厘米，横径 4～5 厘米，肉厚、味浓，口感糯、香、甜，单瓜重 160～250 克，亩产 4 000 千克左右。

（十三）赛佳丽

（1）品种来源。从泰国引进的杂交一代新品种。

（2）特征特性。早熟，植株蔓生，叶呈掌形，绿色，以主蔓结瓜为主，第 1 雌花着生在主蔓 12～14 节上，以后每节隔 4 节生 1 雌花；瓜长条形，光滑顺直，有光泽，瓜长 45～55 厘米，肉质嫩、香、甜，带顶花，耐运输，亩产可达 20 000 千克左右。

（十四）春秋 915

（1）品种来源。从荷兰引进的新一代杂交品种。

（2）特征特性。早熟，无限生长，植株蔓生，瓜条棒状，光滑顺直，颜色翠绿有光泽，瓜条长 45～55 厘米，肉质鲜嫩可口，带顶花，耐贮运，亩产可达 20 000 千克左右。

（十五）荷兰美特中绿

（1）品种来源。从荷兰引进的高产线丝瓜品种。

（2）特征特性。早熟，植株蔓生，叶掌状形，5 裂，绿色。以主蔓结瓜为主，主蔓 8～10 节着生第 1 雌花，瓜长 45～50 厘米，横径 5～6 厘米，瓜条端直，皮绿色，单瓜重 400～500 克，肉质细腻柔软，纤维少，质脆味佳。播种至初收 45～50 天，延续采收期 60～70 天，坐瓜率高，适应性广，耐热、耐湿，全国各地适宜。

（十六）荷兰绿秀丝瓜

（1）品种来源。从荷兰引进的最新育成的早熟丝瓜品种。

（2）特征特性。早熟；瓜皮嫩绿色，瓜条顺直，有光泽，长 45 厘米左右，植株长势旺，丰产潜力大。耐热、抗寒、耐运输，亩产 20 000 千克左右。适合拱棚、露地及大棚越冬和越夏栽培。

(十七）绿油910

（1）品种来源。一代杂交种。

（2）特征特性。白籽，早熟，植株蔓生，主蔓6～9节开始出现雌花，连续结瓜能力强，瓜皮绿色油亮，果实短棒形，瓜长25厘米左右，横径5～6厘米，肉厚、味浓，品质好，平均单瓜重200克左右。

(十八）长沙肉丝瓜

（1）品种来源。长沙地方品种，1984年由长沙市蔬菜科学研究所提纯复壮选育成的优良品种。

（2）特征特性。早熟。植株蔓生，长势旺盛，叶片浓绿色，掌状5裂或7裂。主蔓8～12节着生第1雌花。分枝性强，以主蔓结瓜为主。瓜条呈圆筒形，长约35.7厘米，横径7厘米左右，单瓜重约500克。嫩瓜外皮绿色、粗糙，皮薄，被蜡粉，有10条纵向深绿色条纹，花柱肥大短缩，果肩光滑硬化，果肉厚1.6厘米，肉质柔软多汁，甘甜润口，品质佳。亩产4 000～5 000千克。耐热，不耐寒，耐渍水，忌干旱，适应性广，抗性强。

(十九）蓉杂丝瓜2号

（1）品种来源。成都市农林科学院园艺研究所配制的杂交一代新品种。

（2）特征特性。早熟，春播时，从播种到采收82天左右，主蔓始瓜节位8节左右，植株生长势强，分枝性强。商品瓜棒形，花蒂小，瓜长27.7厘米，横径3.6厘米，单瓜重260克左右；种子椭圆形，平滑，白色。连续坐瓜能力强。肉质细嫩，清香味浓，纤维少，品质优，商品性好。

（二十）夏棠1号

（1）品种来源。华南农业大学园艺系培育而成。

（2）特征特性。植株生长势强，主蔓10～12节开始着生第1朵雌花，雌性强，结瓜多，瓜呈长棒形，瓜皮青绿色，棱10条，棱色墨绿，皮薄肉厚，纤维少，维生素C含量高，对高温高湿适应性强，大棚栽培亩产4 000～5 000千克。

（二十一）春帅丝瓜

（1）品种来源。重庆市农业科学院培育而成。

（2）特征特性。特早熟，主蔓5～7节坐第1瓜，基本上每个节位都有瓜，瓜短筒形，皮皱，表面有白色茸毛，肉厚质嫩，瓜长25～30厘米，横径4.5厘米，单瓜重250克左右，亩产4 500千克。

（二十二）雅绿1号

（1）品种来源。广东省农业科学院蔬菜研究所培育而成。

（2）特征特性。早熟，春、秋植，以主蔓结瓜为主，连续结瓜能力强；坐瓜率高。对日照要求不严，夏季播种也能较早开花结果。果实长棒形，瓜长约60厘米，横径4.6厘米，单瓜重400克；瓜皮绿色，瓜条匀称，商品性好，味清甜、纤维少。一般亩产2 500～3 000千克。

（二十三）绿胜2号

（1）品种来源。广州市农业科学研究所培育而成的杂交一代种。

（2）特征特性。早熟，植株生长势和分枝性中等，雌花节位低，主蔓第1雌花着生节位16.9节，第1个瓜坐瓜节位20.1节。瓜长棒形，瓜长55.7～59.7厘米，横径4.2～4.6厘米，肉厚0.7～

0.8 厘米。平均单瓜重 403 克，瓜形匀称，棱角光滑，皮色绿色无斑点。肉质绵、甜，品质较好。抗炭疽病、疫病和枯萎病，轻感白粉病，中感霜霉病；耐热性较强，耐寒性中等。

（二十四）粤优丝瓜

（1）品种来源。广东省农业科学院蔬菜研究所育成。

（2）特征特性。中早熟，春、秋植，生长势和分枝力均强，皮色绿白有花点，瓜长约 50 厘米，横径约 5 厘米。

（二十五）兴蔬美佳

（1）品种来源。湖南省农业科学院蔬菜研究所选育而成的杂交一代种。

（2）特征特性。生长势强，极早熟。植株蔓生，分枝力强。以主蔓结瓜为主，第 1 雌花节位 6～7 节，连续坐瓜能力强，耐肥水，果实圆筒形，绿色，束腰不明显，不易裂果，商品瓜长 28～30 厘米，横径 5.0 厘米左右，口感绵甜，食味好，品质佳；单瓜重约 400 克，平均亩产 3 500 千克左右。

（二十六）青首白玉丝瓜

（1）品种来源。绿亨育种专家通过远缘杂交而获得的高品质丰产型杂交丝瓜创新型品种。

（2）特征特性。植株蔓生，长势旺盛，连续坐瓜能力强；瓜长棒形，商品瓜瓜身白色，皮薄光滑、有光泽，瓜柄顶端翠绿色，商品性外观好，果肉浅绿白，肉质紧实，与普通丝瓜相比具有口感细腻、味甜清香、烹调后不变褐色的优点。

（二十七）春香丝瓜 308

（1）品种来源。极早熟杂交种。

(2) 特征特性。主蔓 6～7 节结瓜，每节 1 瓜，连续 6～8 条，瓜长 20～30 厘米，横径 5～7 厘米，瓜条匀直，表皮白色比较光滑，瓜蒂部分偏浅绿色，商品外观好，肉质嫩软，味微甜，有瓜香，好去皮，抗性强，较耐寒，耐热性好。

（二十八）印度铁八棱

(1) 品种来源。原产于印度。

(2) 特征特性。该品种比一般瓜粗生，易种植，连续结瓜能力强，每株可连续结瓜 30 个以上；瓜棍棒状，有 8 条或 10 条纵向的棱和沟，瓜长 49～60 厘米，横径 8 厘米左右，单瓜重 250 克左右；皮色浅绿，种子较厚，卵形，黑色，有网纹状；品质细嫩，不易老化，耐运输。

（二十九）广东八棱瓜

(1) 品种来源。广州郊区品种。

(2) 特征特性。茎稍粗壮，具明显的棱角，被短柔毛。卷须粗壮，下部具棱，有短柔毛；叶柄粗壮，棱上具柔毛，叶片近圆形，常为 5～7 浅裂，上面深绿色、粗糙，下面苍绿色，两面脉上有短柔毛。果实圆柱状或棍棒状，具 8～10 条纵向的锐棱和沟，没有瘤状凸起，无毛，瓜长 15～30 厘米，横径 6～10 厘米。耐热、耐湿，大棚栽培亩产 4 000～5 000 千克。

（三十）线丝瓜

(1) 品种来源。四川农家品种。

(2) 特征特性。生长势强，叶面较光滑，掌状裂叶，有少量白色茸毛，主蔓第 10 至第 12 节开始着生雌花，瓜长 80～90 厘米，线丝瓜细长棒形，皮色深绿，有细的皱纹，品质好，抗热耐湿，大棚种植亩产 5 000 千克以上。

三、丝瓜栽培茬口

1. 塑料大棚春提早栽培 应选择耐寒性较强、果实发育快、商品性好的早熟品种。一般在 12 月中下旬至翌年 1 月中下旬播种，1 月中下旬至 2 月下旬定植，4 月下旬至 5 月上旬开始采收。因为播种期处于温度比较低和不稳定的早春，单层塑料大棚往往不能满足其生长发育要求，所以一般采用日光温室或大棚多层覆盖加温育苗，即在塑料大棚中加设小拱棚，小拱棚上加盖草苫，以满足生长温度要求。

此茬春提早栽培因外界温度较低，需要加强对大棚内温度的调控。白天温度保持在 25～32℃，夜间温度 18～20℃，防止棚内植株出现高温失水或低温冻害等情况。丝瓜在进入结瓜期之前，植株对水分的消耗不多，保持土壤表层略微干燥即可。此茬丝瓜可采到 7 月或更晚，亩产能达到 6 000 千克，比夏季栽培丝瓜增产 15% 以上。

2. 塑料大棚秋延后栽培 应选择前期耐热、后期耐寒性较强、节成性好、商品性佳的丝瓜品种。通常在 7 月中下旬播种，8 月上旬定植，9 月下旬至 10 月初开始采收，通常可采收到 11 月底。此时正值夏季高温期，定植后以遮阴降温保湿为主，促苗成活。将大棚四周敞开放风，棚顶盖银灰色遮阳网至缓苗，然后视棚内温度高低决定是否盖网。10 月中旬将裙膜盖上保温，白天棚内温度维持在 20～30℃，高于 30℃卷膜通风降温，低于 20℃放膜保温；10 月中下旬气温下降时及时扣棚保温，选晴好天气中午适时放风。此茬病虫害易发，防治方法应按照"预防为主，综合防治"的原则，以物理防治和生物防治为主，合理使用化学药剂防治。

3. 日光温室早春茬栽培 应选择早熟性好，早期产量高，耐低温、耐高湿、耐弱光的品种。此茬一般在 12 月下旬育苗，翌年的 1 月下旬至 2 月初定植，4 月下旬开始采收。早春丝瓜定植时处在较寒冷的时期，温度低是影响缓苗的重要因素，在管理上要重点加强温度管理，以提高棚温。育苗时，苗床应提前浇透水并盖膜提温，播后扣好拱棚、盖好薄膜，出苗前温度可保持在 30～35℃，一般 7 天左右即可出苗，苗龄 35～40 天。当丝瓜苗龄达 35～40 天，长出 2～3 片真叶时即可定植。定植时注意选择晴天上午进行。定植后 10～15 天，白天温度保持在 30～35℃促缓苗，缓苗后，白天温度保持在 25～30℃，夜温保持在 15～20℃，不能低于 12℃。

4. 日光温室秋冬茬栽培 所选品种必须耐低温和弱光照，即在低温和弱光条件下，能保持较强的植株生长势和坐瓜能力。一般于 7 月下旬至 8 月中下旬播种，8 月中旬至 9 月上旬定植，10 月上旬采收。秋冬茬日光温室丝瓜育苗期正处在 7—8 月的高温时期，要注意遮阴降温。后期温度低时，要及时采取扣棚膜、早揭晚盖草苫，以及张挂补光灯、增加覆盖层等增光、增温、保温措施，一般光照时间不短于每天 8 小时，昼温 20～28℃，夜温 12～18℃，凌晨短时棚内最低气温也不要低于 10℃。生育期内，丝瓜抽蔓前可利用草苫适当控制日照时间，以促进茎叶生长和雌花分化；开花结果期要适时敞开草苫，充分利用阳光提高棚内温度。

此茬丝瓜需要人工辅助授粉。每天上午 8—10 时，摘下 1 朵雄花，剥去花冠，露出雄蕊，将花粉涂抹在雌花的柱头上。开花后 10～12 天即可采摘嫩果，采摘宜在上午进行。

5. 日光温室越冬茬栽培 一般在 8 月下旬至 9 月上旬育苗，10 月上旬定植，12 月中旬开始采收，丝瓜可在元旦、春节期间大量上市，市场价格较高，效益可观。栽培品种常用普通丝瓜品种，如肉丝瓜、香丝瓜等，也可根据当地消费习惯选择合适的品种。

此茬正值冬季，气温较低，定植后 10～15 天，白天温度保持 30～35℃，一般不通风或通小风，创造高温高湿条件，以利缓苗。幼苗期一般不浇水。缓苗后，白天温度降到 25～30℃，夜温保持在 15～20℃，勿低于 12℃。结瓜前结合浇水追提苗肥 1～2 次，可追施腐熟人粪尿或少量氮肥。加强温度管理，使棚温保持在 25～30℃，若超过 32℃，可适当通风换气，夜间加盖草苫保持温度，要维持在 16～20℃，最低不能低于 12℃。越冬丝瓜开花至采收需 12～15 天。采收过早影响产量，采收过迟果肉纤维硬化，品质下降，还会影响后面幼瓜的生长，因此采收要适时。采收宜在早晨进行，用剪刀齐果柄处剪下嫩果。

第五章 设施丝瓜高效栽培新技术

一、大棚冬春茬丝瓜栽培技术

(一) 品种选择

大棚冬春茬丝瓜品种要求在低温和弱光条件下能正常生长结瓜，在高温和高湿条件下结瓜能力强，抗病性好，对大棚环境适应能力强，对管理条件要求不严，被意外伤害后恢复能力强。适宜栽培的品种有：早中熟品种济南棱丝瓜、夏棠1号丝瓜、三喜丝瓜、夏优丝瓜、丰抗丝瓜等；晚熟品种武汉白玉霜丝瓜、四川线丝瓜、广东青皮丝瓜、广东八棱丝瓜、粤农双青丝瓜、绿龙丝瓜等。

(二) 培育壮苗

根据不同地区的气候条件，冬春茬的早中熟品种应于9月上旬播种，晚熟品种应安排在8月中旬播种，以保证在春节前形成批量商品瓜上市。育苗在日光温室中进行，苗床需加扣小拱棚，以保证出苗时的温度。播种前先用10%磷酸三钠浸种20～30分钟，捞出洗净，再用25～28℃温水浸泡5小时，漂洗干净种皮黏液，用湿纱布包好放在30℃条件下催芽，待90%种子露白时播种。苗期温度控制在白天25～30℃、夜间15～20℃，并保持床土湿润。幼苗出齐后适当通风，苗床昼温保持在20～25℃，夜温保持在12～15℃，以免造成幼苗徒长。

（三）定植

定植前 20 天整地施肥，每亩施腐熟鸡粪 3 000～4 000 千克、猪粪等优质厩肥 6 000～7 000 千克、过磷酸钙 80～90 千克、尿素 20～30 千克，深翻 30 厘米。定植前 1～2 天，应先给苗床浇水，以尽量减少移栽时伤根。10 月下旬定植，当幼苗长至 3 叶 1 心，苗龄 45 天左右时，选择晴天上午定植于大棚中，定植后一周内应保持较高的棚室温度和适宜湿度。进入 12 月中旬，外界气温比较低，光照相对较弱，植株生长受到抑制，营养生长速度减慢。大棚反季节栽培丝瓜，宜整枝留单蔓吊架，采取高度密植的管理方式。多采取 180 厘米宽的南北向起垄，每垄定植两行，窄行宽 60～70 厘米作低畦；宽行距跨垄沟，110～120 厘米（垄沟宽 40～50 厘米）；行距 90 厘米，株距 37 厘米，每亩定植 2 000 株左右。定植后也可随即覆盖地膜，并破孔引苗出膜。按"隔沟盖沟"法盖膜，以便从膜下面的沟里浇水，减少棚室内湿度，控制病虫害的发生。

（四）定植后管理

1. 环境调控　丝瓜喜光、耐热、耐湿、怕寒冷，为防止低温寒流侵袭，对反季节栽培的冬春茬丝瓜，必须及时做好光照、温度调节。定植后 7 天左右少通风，以提高室内温度，促早缓苗。缓苗后室内白天温度控制在 20～30℃，高于 30℃时通顶风，低于 23℃时关闭通风口，夜温保持在 14～18℃。若遇降温天气，应采用临时加温措施，使棚室夜温不低于 10℃。

2. 肥水管理　结瓜前结合浇水追提苗肥 2～3 次，可追施腐熟人粪尿或少量氮肥。结瓜后转入旺盛生长期，特别是在结瓜盛期，营养生长与生殖生长并进，此时是肥水需求高峰期，应重施磷钾肥，保证高产优质。一般隔 10～15 天结合浇水冲施 1 次肥，每次每亩可冲施尿素 10～15 千克，间隔追施氮磷钾三元复合肥 10～15

千克。丝瓜对水分需求量大，在旺盛结瓜期，要始终保持较高土壤湿度。浇水时选晴天上午，顺膜下沟"暗浇"，浇水后应及时通风排湿。

3. 植株调整　当丝瓜蔓 30～40 厘米长时，幼苗甩蔓后要及时用吊绳引蔓吊架，可采用棚架形式，搭架后进行人工引蔓、绑蔓。主蔓伸长到一定高度后进行人工落蔓。为保持主蔓的生长优势，第 1 雌花出现前摘除全部侧蔓，结瓜后再选留强壮、早生雌花的侧蔓结瓜。侧蔓结瓜后保留 1 片叶及时摘心。进入 6 月，外界温度显著升高时，及时撤去棚膜，此时正是丝瓜植株生长发育的良好季节，若不急于倒茬，可让丝瓜枝蔓在温室支架上"恣意"生长，并注意引蔓，使之均匀分布，形成良好的受光态势。但要注意及时摘除老叶、病叶、卷须、大部分雌花蕾和畸形果，以利于通风透光和养分集中，促进果实肥大。

4. 促进结瓜　丝瓜是异花授粉作物，虫媒花，保护地栽培中昆虫数量少，必须采用人工授粉或使用激素才能正常结瓜。一般选择早晨采用花对花的方法进行人工授粉，生产上也可采用氯吡脲蘸花代替人工授粉，用氯吡脲 8 毫克，兑水 750～1 000 毫升，在丝瓜雌花开放的当天或前后 1 天浸花和子房即可。如果雄花少，可用 50～100 毫克/千克的 2，4 -滴（2，4 - D），加入 20 毫克/千克的赤霉素涂抹花托和柱头，但 2，4 - D 处理的坐瓜率不及人工授粉的坐瓜率高。在丝瓜初花期开始增施二氧化碳气肥，采用碳酸氢铵与过量的稀硫酸反应产生二氧化碳，于晴天上午 9～10 时，温室内温度达到 18℃时施用，施后 1～1.5 小时进行通风；施用天数最好不少于 30 天。

5. 深冬期特殊管理措施　上午揭开草苫的适宜时间以有直射光照射到前坡面，揭开草苫后棚内气温不下降为宜。盖草苫的原则是日落前棚内气温下降到 15～18℃时再覆盖。正常天气掌握在上午 8 时左右揭、下午 4 时左右盖即可。在极端天气，夜间棚内出现

10℃以下低温时，应在草苫上再加盖一层旧膜或一层草苫，前窗加围苫。

（五）病虫害防治

病虫害防治遵循以农业防治、物理防治和生物防治为主，化学防治为辅的原则，注重提早预防，及早发现，及早防治。冬春茬丝瓜主要病害有立枯病、炭疽病、霜霉病、根结线虫病等，可使用的化学药剂有百菌清、甲基硫菌灵、阿维菌素等。虫害主要有蚜虫、黄守瓜、白粉虱等，可通过挂设黄板、使用诱虫灯或性诱剂等物理手段防治；生物防治可使用苦参碱，或适时释放瓢虫、食蚜蝇等；化学药剂主要有噻虫嗪、氯氰菊酯乳油等。

（六）适时采收

适时采收可以保持嫩瓜的品质、防止化瓜、增加结瓜数量、提高产量等。过晚采收会导致丝瓜果实出现纤维化、种子变硬、瓜肉苦，失去食用价值，还会与其他嫩果争抢养分，导致丝瓜整体产量下降。

丝瓜从雌花授粉到采收嫩瓜一般需 10 天左右。气温高、水分不足时易变老，应适当提早采收；温度适宜、水分充足不易变老，可适当晚收。丝瓜连续结瓜能力强，尤其在盛果期果实发育快，每 1~2 天可采收 1 次。每天采收时间一般为清晨太阳升起、气温升高前，采收时用剪刀剪断果柄处即可。丝瓜果皮嫩，极易碰伤，采收时应注意轻拿轻放。

二、大棚早春茬丝瓜栽培技术

（一）品种选择

适于大棚早春茬栽培的品种要求早熟性好，早期产量高，耐热、耐低温、耐高湿、耐弱光，长势旺，连续结果能力强，抗逆性较强。如蛇形丝瓜、早杂1号、五叶香等。

（二）培育壮苗

早春温度较低，光照环境条件较差，此时期培育壮苗是生产成功的关键。因此宜采用电热温床或其他加温设施育苗，并覆盖小拱棚，以促进幼苗正常生长发育。棚室条件好的可在12月上中旬育苗，条件差的可在12月下旬至翌年1月中下旬育苗，早春茬丝瓜一般苗龄为40～45天。播种前苗床施足基肥，浸种催芽后播种，播种后扣上小拱棚或覆盖地膜。在苗期白天室温保持在20～25℃，夜温为10℃以上，并保持床土湿润。如果加扣一层小拱棚，需注意每天盖草苫之前先盖小拱棚薄膜，早晨先揭草苫，再揭开小拱棚薄膜。

（三）定植

当棚室内10厘米地温稳定在12℃以上、气温稳定在10℃以上时可定植。定植前一周进行低温抗旱锻炼，即逐渐加大通风量降温、控水进行幼苗锻炼，以提高幼苗的适应能力。提前10天整地施肥、覆盖地膜和大棚棚膜保温，打好定植孔，选3叶1心时的优质健壮幼苗进行定植。一般实行大小行栽培，大行距80厘米，小行距40厘米，株距30～35厘米，每亩栽3 000株左右。定植后浇透定植水。

（四）定植后管理

1. 环境调控　定植后要闭棚，提高温度，进行多层覆盖栽培的应立即扣上小拱棚。一般温度达30℃以上再适当放风，以提温保湿，促进缓苗。一般在高温高湿条件下，5天左右就能缓苗。如遇寒流，在大棚周边围上草苫保温。若定植时温度偏低，夜间要加盖小拱棚，白天揭开，当温度合适之后，再适时揭除小拱棚。当植株缓苗后，适当蹲苗，降低温度，白天温度保持 20～30℃，夜间温度保持 13～15℃。随着外界温度的升高，为保持棚内适温要逐渐加大放风量。丝瓜甩蔓期、开花结果期要防止空气湿度大，造成茎蔓徒长和开花结果受阻。上午气温升到 28℃左右时关闭风口，当外界最低温度为 13℃以上时可以昼夜放风。阴雨天气也要开窗换气，以便排出温室内的一些有害气体，防止叶片植株受害。要加强光照管理。温室要早揭苫、晚盖苫，尽量延长透光时间。另外，要及时擦拭棚膜，清扫膜上的灰尘，防止污染过重影响室内光照度。

2. 水肥管理 定植水要浇透，若定植水浇得少，定植后可逐沟再浇一次水。棚室丝瓜浇水的原则为浇瓜不浇花。丝瓜开花期不宜浇水，坐稳一批瓜时浇一次水。丝瓜结瓜前期是一阵结瓜一阵开花，采瓜后开花前控水 2～3 天，开花结果后，瓜的后把处出现深绿色时，是丝瓜果实需水量最大的临界期，需马上灌水，待深绿色消退时采收，控制浇水量。

根据基肥施入量和植株生长情况，一般从定植到植株抽蔓期基本不追肥。若基肥不足，在植株蔓长达 50～60 厘米时结合"盘条"可适当追肥。当雌花坐瓜后，瓜长至 10～15 厘米长时，开始追肥，以后进入盛瓜期，施肥原则是隔一水施一次肥，施肥时要氮、磷、钾配合使用。当外温升高，放大风时随水冲施稀粪水 2～3 次。持续而充足的肥料有利于增加丝瓜的产量和延长采收期。

3. 植株调整 丝瓜在生长发育期间要及时进行植株调整，减少营养消耗促使多结瓜。植株调整一般包括打老叶、打侧蔓、及时放蔓和化控等措施。一般叶片的功能期是 60 天左右，下部叶片进入老化阶段时要及早打掉，可减少营养的消耗，增加通风量。同时要做好茎基部侧蔓整理，由于棚室栽培密度大，空间有限，在丝瓜生长期必须限制侧蔓的数量和长度，达到少消耗的效果，一般要求全部摘除，10 片叶以上的侧蔓可留 1～2 片叶后摘心，若不摘心，侧蔓基部瓜不易坐住。丝瓜蔓长至近顶棚时及时落蔓。为控制茎蔓生长速度，一般施用 15％的多效唑，喷洒浓度为 10 毫克/升，或施用矮壮素 200 毫克/升，可缩短丝瓜茎节，减少瓜蔓长度，增加瓜蔓茎粗，节省用工。

4. 人工授粉　　丝瓜为虫媒花，早春茬栽培时，因昆虫少，须进行人工授粉。授粉的方法是：摘取当天盛开的雄花，去掉花冠，露出花药，轻轻地将花粉涂抹在雌花的柱头上。授粉时间为每天上午 8—10 时。

（五）病虫害防治

优先采用农业防治、物理防治、生物防治，科学合理地使用化学防治。早春茬丝瓜注意防治立枯病、蔓枯病、根结线虫病等，生物防治可采用枯草芽孢杆菌、木霉菌素等；化学药剂主要有嘧菌酯、苯醚甲环唑、百菌清、甲基硫菌灵、阿维菌素等。害虫主要有蚜虫、白粉虱、斑潜蝇等，可用黄板、性诱剂诱杀，或用防虫网隔离，也可释放瓢虫、食蚜蝇捕杀等；化学药剂可用吡虫啉、噻虫嗪、阿苯哒唑、阿维菌素乳油等。

三、大棚秋冬茬丝瓜栽培技术

（一）品种选择

秋冬茬丝瓜所选品种须较耐低温和低光照，在低温和弱光条件下，能保持较强的植株生长势和坐瓜能力。生产中要根据播期和采摘期选择不同的品种。一般早熟品种有北京棒丝瓜、夏优丝瓜、丰抗丝瓜等，晚熟品种有武汉白玉霜丝瓜、四川线丝瓜、皱皮丝瓜等。

(二) 培育壮苗

根据不同地区的气候条件，秋冬茬栽培的丝瓜品种应于 7 月下旬至 8 中下旬播种。此时育苗期正处于高温季节，育苗时要避免强光照射苗床，避免雨水冲刷苗床和苗床积水，要杜绝白粉虱、蚜虫等病毒传播媒介进入育苗床内。一般采用 50 孔穴盘育苗，浸种后可直接播于装有基质的穴盘中，每穴播 1 粒种子，盖少量细土。苗期注意保持土壤湿润，防止徒长，可采用化学药剂控制茎蔓的生长速度，采用 15％多效唑，喷洒浓度为 10 毫克/升，或矮壮素 200 毫克/升，可缩短丝瓜茎节，减少瓜蔓长度，增加瓜蔓粗度。育苗期要注意预防病虫害的发生，定期喷药，一般从出苗开始，每周喷 1 次药，交替喷洒多菌灵、噁霜·锰锌、甲霜灵以及盐酸吗啉胍·铜等。

(三) 定植

在 8 月中旬至 9 月上旬定植，瓜苗长至 2 叶 1 心至 3 叶 1 心时选取健壮幼苗进行定植。定植前 15 天整地施肥，定植前两天，苗床先浇水，以尽量减少移栽时伤根。定植时根部带基质，以减轻伤根。定植后随即覆盖地膜并破孔引苗出膜。按"隔沟盖沟"法盖膜，以便从膜下沟浇水，减少棚室内湿度。

(四) 定植后管理

1. 环境调控　秋冬茬丝瓜栽培要及时采取扣棚膜、早揭晚盖草苫，以及张挂补光灯、增加覆盖层等增光、增温、保温措施。使棚内光照时间控制在不短于每日 8 小时。缓苗后棚室内温度控制在 20～30℃，高于 30℃时通顶风，低于 23℃时关闭通风口，夜温保持在 12～18℃。生育期内，丝瓜抽蔓前可利用草苫适当控制日照时间，以促进茎叶生长和雌花分化。开花结果期要适时敞开草苫，充分利用日光提高温度。

2. 水肥管理 结瓜前结合浇水追提苗肥 2～3 次，可追施腐熟人粪尿或少量氮肥。结瓜后转入旺盛生长期，特别是在结瓜盛期，营养生长与生殖生长并进，是肥水需求高峰期，<u>应重施肥水</u>，保证高产优质，每次每亩冲施 500～600 千克腐熟鸡粪或人稀粪水，中后期冲施速效肥和叶面喷施速效肥交替进行。<u>丝瓜对水分需求量大，在结瓜旺盛期，要始终保持较高土壤湿度。</u>

3. 植株调整 当丝瓜蔓长至 30～40 厘米时，幼苗甩蔓后要及时用吊绳引蔓吊架，可采用棚架形式。为保持主蔓的生长优势，第1 雌花出现前摘除全部侧蔓，结瓜后再选留强壮、早生雌花的侧蔓结瓜。侧蔓结瓜后保留 2 片叶及时摘心。进入 6 月，外界温度显著升高时，及时摘除老叶、病叶、卷须、大部分雄花蕾和畸形果，以利于通风透光和养分集中，促进果实肥大。

4. 中耕除草 中耕除草要勤，一般行浅中耕，以免伤须根；同时，要进行培土，促发不定根，增强丝瓜根系吸收能力。

（五）病虫害防治

秋冬茬丝瓜注意防治霜霉病、病毒病、叶枯病、疫病。苗期和坐瓜期要提前预防，一旦发现病害要立即防治；主要药剂有盐酸吗啉胍·铜、百菌清、甲基硫菌灵、多抗霉素、甲霜灵等。害虫主要有白粉虱、蚜虫、红蜘蛛等，可用吡虫啉、噻虫嗪、啶虫脒、阿维菌素等进行防治。

（六）适时采收

一般以开花后 10～12 天采收较为适宜，此时丝瓜果梗光滑，茸毛减少，果皮有柔软感。采摘宜在上午进行。丝瓜连续结果性强，盛果期可每 1～2 天采收 1 次。

第六章 设施丝瓜高效栽培新模式

一、大棚番茄—丝瓜—青蒜套种栽培

陈万玉等总结出大棚番茄套种丝瓜复种青蒜*1年3熟栽培模式，该模式效益较高，共计全年每亩纯收入约8 000元。

1. 茬口安排　番茄在11月上旬至12月上旬育苗，12月下旬至翌年2月中旬定植，翌年3—6月采收；丝瓜在翌年3月中旬直播，7月上旬开始采收，9月底清茬；青蒜在翌年9月上中旬播种，12月下旬采收。

2. 品种选择　早春大棚番茄栽培选用金棚1号、中杂9号、合作906等品种；丝瓜选用五叶香、肉丝瓜等品种；青蒜选用二水早、紫皮蒜、白皮蒜等品种。

3. 种植密度　大棚番茄种植采取南北向1米包墒起垄，双行定植，行距45厘米，株距30～40厘米，每亩种植3 000～4 000株；丝瓜直播在大棚钢架内侧20厘米处，每棚栽2行，株距与棚架距相当；青蒜冬前收获，种植行距10～12厘米、株距3～5厘米。

4. 适时育苗　番茄采用穴盘基质育苗，播种后覆盖透明地膜。棚温白天保持25～30℃，夜间15～20℃，约1/3番茄出苗时揭除地膜，齐苗后白天温度保持在18～24℃、夜间温度保持在10～

---

　　*　青蒜是以大蒜幼嫩的叶子及假茎作为食用。——编者注

15℃，及时通风换气，定植前 3 天进行低温炼苗。丝瓜播种前，将种子放入 55℃热水中浸泡 20～30 分钟，其间不断搅动，然后将种子外壳黏液洗净，置于 25～30℃条件下催芽，当 70%种子露白时即可播种。在大棚每根支架内侧 10 厘米处挖 1 穴，每穴播种 2～3 粒。青蒜可开沟按蒜瓣大小分级播种，栽后覆土，覆土厚度以 2～3 厘米为宜，根据墒情浇足底水。

5. 移栽定植 大棚番茄采取"三膜一帘"覆盖。具有健全的子叶和 7～9 片肥厚深绿的真叶，苗高 20 厘米左右，茎粗 0.5 厘米以上时可以定植。定植前耕耖培肥，每亩施腐熟厩肥（或人粪肥）3 000 千克或三元复合肥 50 千克，定植后浇足定根水，覆盖透明地膜。

6. 田间管理

（1）大棚番茄。定植后白天温度保持在 28～30℃、夜间温度保持在 18℃以上，当白天温度大于 30℃时要通风，注意背风口通风。番茄苗高 35 厘米以上时用竹竿搭"人"字架牵枝，单干整枝，及时摘除侧芽。整个生长期，追 3 次坐果肥，每次每亩施尿素 15 千克、硫酸钾 10 千克，第 1 果枝上坐果 2～3 个时进行第 1 次追肥，第 2 和第 3 果枝上坐果 2 个时分别进行第 2 次和第 3 次追肥。前期光照不足时，可用番茄灵（对氯苯氧乙酸）加 0.1%腐霉利点花，利于坐果；坐果后及时疏果，疏果时去小留大、去劣留优，并及时去除残留于果面上的花瓣，防止病菌侵染。3 月中旬至 4 月上旬揭小棚膜，5 月中下旬揭大棚膜，注意通风，调节棚内温度。

（2）丝瓜。主蔓长到 20～30 厘米时引蔓上架，主蔓长度不足1.5 米不留侧蔓；摘除雌花开花前的雄花和雌花开花后第 2 天包花的雄花；主蔓上架后及时追肥，每采收 1 次就追肥 1 次，生长不良时可随时追肥；整个生长期保持土壤湿润。

（3）青蒜。播后出苗前根据墒情小水勤浇，齐苗后结合浇水追施提苗肥，每亩施尿素 15 千克。

7. 病虫害防治　坚持预防为主、防治结合的原则，使用低毒、高效农药，注意药剂的交替使用。番茄主要病虫害有猝倒病、立枯病、灰霉病、菌核病、蚜虫、红蜘蛛等。猝倒病、立枯病、青枯病等可用百菌清 600 倍液喷雾防治；灰霉病、菌核病可喷施腐霉利 1 000 倍液，或每亩喷施 20%腐霉利和百菌清复合剂 300 克防治；叶霉病、早疫病可喷施 70%甲基硫菌灵 800 倍液防治。虫害主要有蚜虫和红蜘蛛，可使用吡虫啉、阿维菌素或灭蚜烟剂防治。丝瓜主要病虫害有霜霉病、疫病、病毒病、瓜螟、蚜虫、红蜘蛛等。霜霉病、疫病等可喷施三乙膦酸铝等药液防治；病毒病可用盐酸吗啉胍·铜、甲基硫菌灵等防治。青蒜主要病害有叶枯病、细菌性软腐病等，可采取与非韭葱蒜类蔬菜作物实行 2 年以上轮作、高畦或高垄栽培等措施预防。叶枯病发病初期可用 80%代森锰锌（大生 M45）可湿性粉剂 600 倍液或 64%噁霜·锰锌可湿性粉剂 600 倍液防治，7 天喷 1 次，连续防治 3～4 次；细菌性软腐病可用 77%氢氧化铜微粉可湿性粉剂 500 倍液防治，视病情每 7～10 天喷 1 次，连续防治 2～3 次。

8. 产量与效益　大棚番茄每亩产量 5 000 千克，产值 8 000～9 000 元，纯收入 4 500～5 500 元；丝瓜每亩产量 1 000 千克，产值 2 000 元，纯收入 1 500 元；青蒜每亩产量 1 000 千克，产值 1 500～2 000 元，纯收入 1 000～1 200 元；合计全年每亩纯收入 8 000 元左右。

二、大棚番茄套种丝瓜与花椰菜轮作栽培

马政总结出近年来大棚早春番茄套种丝瓜后轮作花椰菜的栽培模式，该模式每亩总产值 3.36 万元，且可避免连作障碍。

1. 茬口安排　番茄于 10 月上旬育苗，约 12 月上旬定植，翌年 4 月中旬开始采收上市，至 6 月中旬采收结束；丝瓜与番茄套种

栽培，于 3 月上旬育苗，4 月上旬定植，5 月下旬开始采收上市，9 月中旬结束采收；花椰菜 8 月下旬育苗，丝瓜采收结束后，整理田块，10 月上旬定植，12 月底开始采收。

2. 品种选择　番茄选择抗病性强、果形好、产量高的品种，如苏粉系列、金鹏系列等，这些品种生产中表现较好，市场接受度高；丝瓜选用品质好、耐运输，且当地接受度高的丝瓜品种，如五叶香丝瓜；花椰菜选择耐寒、抗逆性强的中晚熟品种，如台松 100 天、申雪 108 天等。

3. 种植密度　大棚番茄为便于低温期间架设小拱棚，中间留走道，两侧按东西方向起垄，垄高 20～25 厘米，垄宽 65～70 厘米，垄间沟宽 30～35 厘米；丝瓜每垄定植 1 株，定植位置距棚膜钢架脚边位置 30 厘米左右，每亩定植 260 株；花椰菜选择晴天下午定植，株距 50 厘米，行距 60 厘米，边定植边浇水，浇足定植水。

4. 适时育苗　番茄采用穴盘育苗，使用专门的育苗基质。播种前，可用温水或药剂浸种等方法对种子进行消毒处理。温水浸种：将种子放于 55℃恒温水中，边搅拌边浸泡 15 分钟，再置于常温水中浸泡 4～6 小时之后播种；药剂浸种：将种子置于 0.1% 高锰酸钾溶液中 15 分钟，捞出后用清水冲洗干净，晾干后播种。播种后至出苗前，白天温度控制在 25～28℃，夜间温度控制在 15～18℃。出苗后，适当降低温度，增加光照，预防徒长。丝瓜播种前，将种子放于 55℃温水中搅拌浸种 30 分钟，之后搓洗种子表面黏液，再置于清水中浸泡 6～8 小时。丝瓜可用穴盘育苗，也可用营养钵育苗，于 3 月上旬育苗。花椰菜采用穴盘育苗，育苗要提前做好预防高温、台风、大雨等恶劣天气准备工作，高温期间，加盖遮阳网遮阴，同时育苗床周边要保持排水通畅，避免积水。

5. 移栽定植　番茄不宜连茬，选用上茬作物为非茄果类的田块，于定植前 10 天完成整地并覆盖棚膜、地膜，提升地温。基肥每亩施腐熟粪肥 2 000～3 000 千克、复合肥 50 千克。深翻耕后，起垄栽培。为便于低温期间架设小拱棚，中间留走道，两侧按东西方向起垄，垄高 20～25 厘米，垄宽 65～70 厘米，垄间沟宽 30～35 厘米。垄上架设小拱棚钢架，一方面在冬季低温期间，小拱棚钢架用于覆盖棚膜及无纺布等进行保温防寒；另一方面作为支撑，用于引枝吊蔓；丝瓜与番茄套种，丝瓜定植时，部分番茄果实已经开始采收。每垄定植 1 株丝瓜，定植位置距棚膜钢架脚边位置 30 厘米左右；花椰菜田块翻耕后起垄覆盖地膜，膜下铺设滴灌。选择晴天下午定植。

6. 田间管理

（1）番茄。初期以防寒保暖为主。定植后立即浇足定植水，之后严格控制浇水。定植后，密封内外棚膜，棚膜底部要触地，避免寒气从缝隙侵入，冻伤植株。缓苗后，适当揭开内棚膜，增加光照，白天棚内温度控制在 25～28℃，夜间温度控制在 13～15℃，棚内温度高时，适时通风降温。根据实际生产情况，棚内架设中拱棚，拱棚上覆盖棚膜及无纺布，在－10℃左右寒潮期间，棚内番茄正常生长，未遭受冻害。另外，植株生长期间随时关注天气预报，做好雨雪大风等恶劣天气防控工作。

（2）丝瓜。番茄采收结束后，及时清除田间植株、杂草，预防病虫害发生。丝瓜不耐涝，注意夏季多雨天气，应提前疏通周边沟渠，保证流水畅通，避免水淹。降水后田内若有积水，及时排干。

（3）花椰菜。定植初期可不覆盖棚膜，之后根据天气情况再覆盖，或直接定植于棚内，初期将四周棚膜掀开。花椰菜生长期间不易过干过湿，若遇大雨天时，要提前疏通周边沟渠，雨后及时排水，避免积水。定植后追肥 2 次，第一次是定植后 15 天左右，追施尿素，每亩施用 10 千克；现蕾后进行第二次追肥，每亩施用复合肥 15 千克。另外，结合病虫害防治喷施 0.1% 硼砂液、0.2% 磷酸二氢钾液等叶面肥。

7. 病虫害防治

（1）番茄。番茄主要病害有灰霉病、晚疫病、早疫病等。棚内防病尽量选择烟雾剂，如每亩选用 20％腐霉·百菌清烟剂 200～400 克，或 3％噻菌灵烟剂 250 克＋10％百菌清烟剂 200～400 克等防治灰霉病。灰霉病还可选用 50％烟酰胺水分散粒剂 1 000～1 500 倍液＋70％代森联干悬浮剂 600～800 倍液防治；晚疫病可选用 72.2％霜霉威盐酸盐水剂 800～1 000 倍液＋10％氰霜唑悬浮剂 2 000～2 500 倍液防治；早疫病可选用 10％苯醚甲环唑水分散粒剂 1 500 倍液＋75％百菌清可湿性粉剂 600 倍液防治。虫害以物理防治为主，如蚜虫、白粉虱等可使用黄板诱杀。

（2）丝瓜。丝瓜主要病虫害有霜霉病、蔓枯病、白粉病、红蜘蛛等。霜霉病可选用 25％甲霜·霜霉威可湿性粉剂 1 500～2 000 倍液防治；蔓枯病可选用 20％丙硫·多菌灵悬浮剂 1 500～3 000 倍液＋70％代森锰锌可湿性粉剂 800 倍液，或 70％甲基硫菌灵可湿性粉剂 600 倍液＋70％代森联干悬浮剂 800～1 000 倍液防治；白粉病可选用 70％硫黄·甲硫灵可湿性粉剂 800～1 000 倍液或 25％乙嘧酚悬浮剂 1 500～2 500 倍液防治；红蜘蛛可选用 73％炔螨特乳油 2 500～3 000 倍液或 5％噻螨酮可湿性粉剂 1 000～1 500 倍液等防治。

（3）花椰菜。主要病害有黑腐病、霜霉病、细菌性软腐病等，主要虫害有蚜虫、白粉虱、小菜蛾等。可用 20％噻菌铜悬浮剂 1 000～1 500 倍液或 20％噻唑锌悬浮剂 600～1 000 倍液等防治黑腐病；可用 25％甲霜·霜霉威可湿性粉剂 1 500～2 000 倍液等防治霜霉病；可用 20％噻唑锌悬浮剂 300～500 倍液＋12％松脂酸铜乳油 600～800 倍液等防治细菌性软腐病。虫害以采用色板、性诱剂等物理防治为主，以使用化学药剂为辅，防治蚜虫可用 10％吡虫啉可湿性粉剂 1 500～2 000 倍液或 50％抗蚜威可湿性粉剂 1 000～

2 000倍液等；可用 25％噻虫嗪水分散粒剂 2 000～3 000 倍液或
5％高氯·啶虫脒可湿性粉剂 2 000～3 000 倍液等防治白粉虱；可
用 5.1％甲维·虫酰肼乳油 3 000～4 000 倍液等防治小菜蛾。

三、大棚番茄、夏丝瓜、秋莴苣高效设施栽培

尹敏华总结出近年大棚番茄、夏丝瓜、秋莴苣的 1 年 3 熟高效
种植模式，该模式在海门市麒麟镇已推广种植 200 多亩，每亩总产
值合计 1.2 万元左右，经济效益显著。

1. 茬口安排 大棚番茄于 10 月中下旬播种育苗，12 月中下旬
定植，翌年 4 月中下旬上市，6 月中旬采收结束；夏丝瓜于翌年 3
月中旬用营养钵育苗，4 月中旬定植于番茄畦两边，8 月下旬采收
结束；秋莴苣于 8 月下旬播种，9 月中旬定植，12 月下旬采收
结束。

2. 品种选择 番茄选用早中熟优良品种，如金棚 1 号、中杂 9
号等；丝瓜选用耐热、早熟、丰产的品种；莴苣选用适应性、耐热
性均强，对高温、日照不敏感，抽薹晚，增产潜力大的品种，如二
白皮、上海大圆叶等。

3. 种植密度 番茄定植按株行距 30 厘米×35 厘米于地膜上打
孔移栽；丝瓜定植于番茄畦两边，株距 50～60 厘米，每亩种植
380～400 株；秋莴苣定植株行距 30 厘米×30 厘米，每亩栽 4 000
株左右。

4. 适时育苗 番茄选择 10 月中下旬在大棚内播种育苗。播前
苗床先浇足底水，然后把种子撒在上面，每亩播量 25g，播后覆土
0.5～1 厘米厚，按 2～3 厘米厚度铺上稀疏稻草，覆盖地膜，以利
出苗整齐。播后温度白天保持 25～30℃、夜间 20℃，4～5 天即可
出苗；夏丝瓜在 3 月中旬用营养钵育苗；秋莴苣在播前须进行低温
浸种催芽，即种子用凉水浸泡 5～6 小时后，用纱布包好，放入

4℃冰箱处理 24 小时，然后置于 15～20℃ 条件下见光催芽，待 80% 种子胚根露出即可播种。播后覆细土 0.5 厘米厚，并在苗床上搭小拱棚，盖上遮阳网，以保持湿润冷凉，待两片子叶平展后，撤除遮阴设备，早晚浇水。

5. 移栽定植 番茄定植前先在畦面上覆盖地膜，于地膜上打孔移栽。栽后浇足定根水，用细土密封种植孔。当气温低于 10℃ 时采取大棚双层、小棚双层的管理；丝瓜苗龄 20 天左右，3 月下旬移栽，4 月中旬定植于番茄畦两边；秋莴苣幼苗长出 4～5 片叶时定植。

6. 田间管理

（1）大棚番茄。定植前 20 天施基肥，每亩施优质腐熟猪羊牛粪肥 5 000 千克，硫酸钾 30～50 千克，碳酸氢铵 30 千克，将肥料充分混合、深翻。第 1 次追肥在第 1 档果实膨大期，每亩施复合肥 10 千克或尿素 5 千克、过磷酸钙 25 千克，并清沟培土；第 2 次在第 2 至 3 档果实膨大期，每亩施复合肥 30 千克；第 3 次在第 4 至 5 档果实膨大期，每亩施复合肥 35 千克。灌水时间和次数视棚内土壤和植株生长情况而定，一般 7～10 天浇水或灌水 1 次，盛果期适当增加水量。

（2）夏丝瓜。当丝瓜幼苗长至 40 厘米时，将藤苗暂时牵引在番茄上，等番茄采收结束，用塑料尼龙绳将藤苗逐步牵引到大棚支架上，每生长一段时间，用稻草将瓜藤逐段固定，当丝瓜长到30～35 厘米长时开始采收。追肥共施 2 次，第一次在 7 月中下旬，第二次在 8 月中下旬，每亩施尿素 15 千克。夏丝瓜采收后期，注意及时将植株下部病叶、老叶摘除。

（3）秋莴苣。一次性施足基肥，定植前每亩施优质腐熟有机肥 2 000 千克、三元复合肥 50 千克。定植后立即浇透水，4～5 天后再浇 1 次水。缓苗后结合浇水每亩追施三元复合肥 20～25 千克。当苗高 30 厘米时，每亩追施尿素 25 千克，10～14 天后结合浇水每亩再追施尿素 30 千克。

7. 病虫害防治　坚持预防为主、防治结合的原则。

（1）番茄。主要是病害，苗期易发生猝倒病；前期易发生灰霉病、叶霉病；中后期多发生枯萎病、青枯病、早晚疫病、炭疽病。播前用多菌灵进行苗床土壤处理，幼苗 2 叶期时用代森锰锌 600 倍液进行防治，定植活棵后再用代森锰锌预防 1 次，在中、后期每隔 7～10 天用异菌脲 1 000～1 500 倍液喷雾防治。

（2）丝瓜。主要虫害有瓜绢螟，一年发生数代，以 7—9 月发生量最大，主食叶肉，危害严重，可在幼虫盛发时，用氨基甲酸酯类农药等防治。

（3）莴苣。主要病虫害有霜霉病和蚜虫。霜霉病可用 75% 百菌清 600 倍液或 25% 甲霜灵可湿性粉剂 600～800 倍液喷洒防治；蚜虫可用 10% 吡虫啉 1 000～1 500 倍液防治。

8. 产量与效益　大棚番茄每亩产量 5 000 千克，每亩产值 1 万元；丝瓜每亩产量 3 000 千克，每亩产值 3 000 元；秋莴苣每亩产量 1 500 千克，每亩产值 1 500 元。全年每亩总产值在 1.45 万元左右，净收入可达 1.2 万元。

四、油—菜—菇设施立体栽培周年生产

冯翠等总结出近年油—菜—菇设施立体栽培模式，即春花生—夏丝瓜、小白菜*（青菜）—秋冬香菇（杏鲍菇）周年生产模式，取得了较为明显的经济效益。

1. 茬口安排　早春花生于 3 月 25 日左右播种，7 月 10 日左右采收。夏丝瓜于 6 月 25 日左右进行穴盘育苗，7 月中旬定植于大

---

　　* 即不结球白菜，又名小白菜、青菜、油菜等，是十字花科芸薹属芸薹种不结球白菜亚种。——编者注

棚的中间或两侧，同时播种第一批青菜；8月中旬第一批青菜采收后播种第二批青菜；9月上中旬开始陆续采收丝瓜，9月下旬采收第二批青菜。10月初栽培香菇和杏鲍菇，11月初开始采收，杏鲍菇可采收至翌年1月底至2月初，香菇可采收至翌年2月下旬。

2. 品种选择　各茬口宜选择优质、高产、抗病性强的品种。花生可选择7506改良系；丝瓜选择地方品种香丝瓜；青菜宜选用耐热品种苏州青；香菇可选择L808；杏鲍菇可选择漳州杏鲍菇。

3. 种植密度　花生每亩用种量12千克，每垄种植2行，株距18～20厘米，小行距30厘米，大行距50厘米。丝瓜定植在大棚两侧或中间，在大棚两侧种植时，两侧各做1条宽50厘米的平畦，每畦种植1行，株距40厘米，每亩种植420株左右；在大棚中间种植时，棚中间做1条宽60厘米、高10厘米的垄，双行定植，株距50厘米，行距40厘米，每亩种植320株左右。香菇立架摆放，在床池内横放3根竹竿，将香菇菌种摆放到池中，交叉立在竹竿上，摆放之前轻轻将菌袋剪开，排间距4厘米，袋间距2厘米，每个菇床放60包菌袋，中间留15厘米间距方便采菇。杏鲍菇水平摆放，摆放之前轻轻将菌袋剪开，开口朝上，排间距4厘米，袋间距2厘米，空隙部分用土填充，袋口上覆盖1～2厘米厚的细土。

4. 适时育苗　花生播种前10天内剥壳，剥壳前晒种2～3天，选用大而饱满的籽粒作种子。夏丝瓜于6月下旬播种育苗，播前先将种子晾晒1～2天，然后置于55℃温水中浸泡20分钟并不断搅拌，水温降至25℃左右时停止搅拌，继续浸种8～10小时；然后用10%磷酸钠溶液浸种消毒30分钟，或用高锰酸钾1 000倍液浸泡20分钟；最后用清水将种子清洗干净，置于28～30℃恒温培养箱中催芽，待70%以上种子露白后即可播种。采用50孔穴盘育苗，每穴播1粒，播后覆盖1厘米厚的营养土并浇透水，拱棚上覆盖遮阳网，出苗前保持土壤湿润，当60%的种子都出土时于早晚揭去遮阳网。青菜采取撒播方式，播种后浇透水。栽培菇类前需在棚室内挖长 4 米、宽 1.8 米、深 25～30 厘米的床池（深度高于菌袋长度 2～3 厘米），并在床池内撒 1 层薄薄的生石灰预防病害发生。

5. 播种定植 早春花生于 3 月 25 日左右播种，丝瓜苗龄 30 天左右、幼苗长至 3 片真叶时即可定植，定植前 5～7 天逐渐撤去遮阳网，增加放风量和光照。当丝瓜茎蔓爬满顶架或顶网（10 月上旬）时开始摆放香菇和杏鲍菇，香菇面积 2/3 棚，杏鲍菇面积 1/3 棚。

6. 田间管理

（1）花生。以基肥为主，开花后 25～30 天每亩用 5％烯效唑可湿性粉剂 40～50 克兑水 50 千克喷雾，以控制植株营养生长，促进生殖生长；结荚后期叶面喷施 2 次 0.2％～0.3％磷酸二氢钾溶液，每隔 7～10 天喷施 1 次。花针期和结荚期及时适量浇水，饱果期（收获前 1 个月）小水润浇，结荚后期控制浇水量。

（2）丝瓜。丝瓜喜温，棚内温度白天控制在 22～28℃，夜间控制在 16～20℃，夏季棚内最低温度不低于 15℃。根瓜坐住后，每亩冲施水溶肥（N－P－K 比例为 15－15－15）5 千克；结果盛期每亩追施三元复合肥 15 千克，整个生育期施肥 1～2 次。水分管理以保持田间湿润为宜。

（3）青菜。出苗前保持土壤湿润，出苗后 18～20 天每亩追施水溶肥 5 千克。中耕除草 1～2 次，30～35 天即可采收。

（4）香菇和杏鲍菇。出菇前棚内温度一般控制在 16～25℃，温差控制在 5～10℃，相对湿度控制在 80％～90％，勤喷水的同时注意通风。出菇期相对湿度控制在 85％～95％，最高温度不超过 30℃。

7. 产量与效益 每亩纯收益达 2.1 万元以上，且食用菌菌渣翻入土壤既能改良土壤，还可以减少下一年肥料用量，每亩节约肥料成本 200 元。

五、早春西瓜—夏丝瓜—秋花椰菜 绿色高效周年栽培

冯翠等总结了早春西瓜、夏丝瓜、秋花椰菜绿色高效周年栽培模式的茬口安排及品种选择，本节分别介绍了该模式下早春西瓜、夏丝瓜和秋花椰菜种植技术要点及产生的效益等，以期为该模式的推广应用提供参考。

1. 茬口安排及品种选择 早春西瓜选择早熟、优质的品种，如苏蜜 518、8424 等，于 12 月下旬播种，翌年 2 月上旬定植，5 月初开始采收，7 月中下旬采收结束。夏丝瓜选择地方品种香丝瓜，于 6 月下旬播种，7 月中下旬定植，8 月底开始采收，11 月上中旬采收结束。秋花椰菜选择早熟、抗逆性强的品种，如青梗松花菜、台松 100 天等，8 月中旬播种，9 月上旬定植，10 月底至 11 月中下旬采收。

2. 早春西瓜种植技术要点

（1）播种育苗。12 月下旬在单体大棚内育苗，选择 72 孔穴盘，可使用商品营养土，浇足水后播种，每穴 1 粒，然后覆营养土 1 厘米厚。西瓜耐热不耐寒，对温度要求高，采用覆盖 3 层棚膜＋电热线加温的方式育苗，3 层棚膜包括大棚棚膜、二道膜和三道膜，夜间小拱棚覆盖草帘保温，苗床温度白天控制在 28～33℃，夜间控制在 20～25℃为宜；80％种子破土后温度以白天维持在 20～25℃，夜间维持在 15～18℃为宜。

（2）定植及定植后管理。定植前每亩随耕翻施腐熟有机肥 1 500 千克、三元复合肥（N - P - K 比例为 15 - 15 - 15）40 千克、微生物菌肥（有效活菌数≥10 亿个/克，有机质含量≥50％）30 千克。每棚做 2 条畦，畦宽 2.5～3.0 米、高 15～20 厘米，畦上铺设

滴灌带、覆盖地膜，再密闭大棚 7 天左右，以提高棚内温度。2 月上旬选择晴天，在 9—15 时进行定植。西瓜幼苗定植标准：株高 12 厘米左右，具有 2～4 片真叶，子叶大而完整，根系发达、粗壮。定植株距 28～30 厘米、行距 2.8～3.0 米，每亩种植 700 株左右，定植后浇足定根水。一般采用 3 层棚膜＋1 层地膜多层膜覆盖的方式，白天棚内温度保持在 28～35℃，夜间温度控制在 18～20℃且不低于 15℃。遇到连阴雨天气，温度高时可在中午前后进行短时间通风换气，以降低棚内湿度，减少病害发生。

（3）整枝理蔓。一般采用双蔓整枝，当主蔓长到 40 厘米左右时开始整枝，保留 1 条主蔓和 1 条子蔓，摘除其余的子蔓和孙蔓。早春温度低，需人工辅助授粉，每株留 1～2 个瓜，及时去除畸形瓜。

（4）水肥管理。定植 5～7 天后根据土壤墒情适当浇水，每次浇水量不可过多；果实成熟期严格控水，以防裂果。坐瓜前一般不追肥，第 1 个幼果鸡蛋大小时，每亩追施硫酸钾型复合肥（N：P_2O_5：K_2O 为 15：15：15，总养分≥45％，下同）15～20 千克；幼瓜碗口大小时再追施 1 次高钾型水溶肥（N：P_2O_5：K_2O 为 12：6：40，下同），每亩追施 5～10 千克；第 1 批瓜采收后，每亩施硫酸钾型复合肥 20～25 千克，第 2 批瓜坐瓜后视幼瓜长势再追施高钾型水溶肥 5～10 千克。整个生育期追肥 3～4 次，采收前 7 天停止水肥供应。

（5）病虫害防治。采用预防为主、防治结合的原则，以物理防治和生物防治为主，化学防治为辅。

早春西瓜常见的病虫害主要有猝倒病、枯萎病、炭疽病、蔓枯病、蚜虫、白粉虱等。猝倒病发病初期可用 72％霜霉威盐酸盐（普力克）水剂 400 倍液或 15％噁霉灵水剂 1 000 倍液喷雾防治；预防枯萎病，可用 2.5％咯菌腈悬浮种衣剂拌种后再播，或定植前蘸根；炭疽病发病初期用 10％苯醚甲环唑水分散粒剂 800～1 000

倍液喷雾防治；蔓枯病发病前可喷施 1～2 次 25％嘧菌酯悬浮剂
1 500 倍液或 60％百菌清可湿性粉剂 500 倍液进行预防；防治蚜虫
可用 10％吡虫啉可湿性粉剂 2 000 倍液或 50％氟啶虫胺腈可湿性
粉剂 2 000 倍液喷雾；防治白粉虱可用 10％啶虫脒乳油 1 000 倍液
或 10％吡虫啉可湿性粉剂 1 500 倍液喷雾。蚜虫、白粉虱等害虫还
可使用色板、杀虫灯、性诱剂等诱杀。

3. 夏丝瓜种植技术要点

（1）播种育苗。6 月下旬播种育苗，播前晒种 2～3 天，然后
将种子放入 55～60℃温水中浸泡 15～20 分钟，再于 28～30℃水中
浸泡 4～5 小时，捞出后置于湿润环境中催芽，当 70％种子露白时
即可播种。采用大棚或露地育苗，播后覆盖遮阳网，夏季丝瓜苗龄
一般为 20～25 天。

（2）定植。7 月中下旬西瓜拉秧清茬后保留原地膜不揭除，将
丝瓜定植在大棚内的两侧，株距 0.5～0.55 米，一般每亩种植
400 株。

（3）搭架理蔓。夏季丝瓜长势旺盛，5～6 片真叶、株高 30～
40 厘米时进行搭架引蔓。可用吊蔓绳或竹竿引蔓，丝瓜长至棚高
时可拉爬藤网作支撑，瓜藤从棚两边往中间顺蔓生长。采用连栋大
棚种植时，可用渔网或尼龙绳作攀缘物，形成跨度 6～8 米的平棚。
初果期剪去所有侧蔓，以促进主蔓生长、结果，在此期间用尼龙绳
绑蔓 2～3 次，主蔓爬上棚顶后放任生长。夏季雨水多、光照强度
不够时可进行人工辅助授粉。

（4）水肥管理。8 月底开始陆续采收，11 月中下旬采收结束。
丝瓜喜水肥，第 1 雌花坐瓜后，每亩施腐熟农家肥 1 000 千克，之
后在每次采收时施硫酸钾型复合肥 15 千克，整个生育期施肥 2～3
次。及时疏去雄花、卷须，剪除老叶、病叶。

（5）病虫害防治。夏丝瓜生长期间注意防治病毒病、霜霉病、
白粉病以及斑潜蝇等。病毒病可用 70％盐酸吗啉胍·铜可湿性粉

剂 500 倍液喷雾防治；霜霉病可用 75％百菌清可湿性粉剂 300～500 倍液或 30％醚菌酯水剂 800～1 200 倍液喷雾防治；白粉病可用 25％三唑酮可湿性粉剂 1 500 倍液，或 30％苯醚甲环唑 2 000 倍液喷雾防治；斑潜蝇可用 1.8％阿维菌素乳油 3 000 倍液或 10％溴虫腈悬浮剂 600 倍液交替喷雾防治。

4. 秋花椰菜种植技术要点

（1）育苗及定植。8 月中旬在单体大棚内进行穴盘育苗，播种后覆盖遮阳网，晴天 10 时左右覆盖，16 时左右揭除。幼苗出齐后要注意遮阴、通风降温；保持苗床见干见湿，防止幼苗徒长。9 月上旬，花椰菜苗龄 25 天左右、长出 3～5 片真叶时，选晴天下午定植于原西瓜畦上，每畦定植 2 行，株距 50 厘米，行距 60 厘米，定植后浇足定根水。

（2）田间管理。定植后根据天气、苗情进行合理的肥水管理，整个生育期一般追肥 2 次。第 1 次在定植 15 天后，每亩追施尿素 15 千克；现蕾后进行第 2 次追肥，每亩施硫酸钾型复合肥 15 千克，并结合病虫害防治喷施 0.1％硼砂或 0.2％磷酸二氢钾等叶面肥。花椰菜花球在烈日直晒下会变老黄化且易发生病虫害，影响花球品质，因此需做好保护。可将植株下部的大叶片剪下盖在花球上，或者将较高的叶片束在一起遮住花球。

（3）病虫害防治。花椰菜病害主要有霜霉病、黑腐病、软腐病等，虫害主要有菜青虫、斜纹夜蛾等。霜霉病可用 58％甲霜灵·锰锌可湿性粉剂 800 倍液喷雾防治；黑腐病可用 20％噻菌铜悬浮剂 1 000～1 500 倍液喷雾防治；软腐病可用 2％春雷霉素可湿性粉剂 300～500 倍液喷雾防治。害虫可用色板、性诱剂等诱杀。

（4）采收。花球充分膨大、边缘出现松散状时及时采收，采收时留 2～3 片叶保护花球。

5. 产量与效益　应用早春西瓜—夏丝瓜—秋花椰菜绿色高效周年栽培模式，西瓜可赶在"五一"国际劳动节上市，每亩产量 3

150 千克，收购价 4.4 元/千克，产值 13 860 元；丝瓜每亩产量 3 140 千克，收购价 4.2 元/千克，产值 13 188 元；花椰菜每亩产量 2 300 千克，收购价 3.5 元/千克，产值 8 050 元。该模式周年总产值 35 098 元，扣除大棚和棚膜折旧、种苗、肥料、农药、人工、机械费、地租等成本 14 838 元，每亩纯收益在 2 万元以上。

六、大棚西瓜—丝瓜—夏大白菜 高产高效栽培

柏文军等总结了大棚西瓜、丝瓜、夏大白菜高产高效栽培模式的茬口安排与品种选择，并提炼了该模式下大棚西瓜、丝瓜、夏大白菜的高产高效栽培技术。

1. 茬口安排 西瓜一般于 12 月底至翌年 1 月中旬播种，3 月定植于大棚，5 月底至 7 月初采收。2 月中旬进行丝瓜育苗，3 月底定植，6 月开始采收，直至 9 月中旬采收结束。白菜一般在西瓜采收后种植（7—8 月）。

2. 品种选择 西瓜选择品质好、产量高、抗性强的品种，如小兰、京欣 1 号、黑美人等中小果型品种；丝瓜选择翠玉、江蔬 1 号、五叶香等抗逆性好的品种；夏大白菜应选择耐热品种，如夏阳、秋珍白 1 号等。

3. 适时育苗 西瓜使用嫁接苗，12 月底至翌年 1 月中旬播种砧木（黑籽南瓜），1 周后播种接穗，当接穗苗出苗 1～2 天时使用双断根顶接法进行嫁接。丝瓜可在温室或大棚采用穴盘育苗的方式培育壮苗。播种前按照 100 克/亩的标准确定播种量。播种前种子先在温水中浸泡，催芽，待有 60% 以上种子露白后播于穴盘内，播时确保 1 粒/穴，播后覆盖 1 厘米厚的基质。播种后要严格控制大棚或温室的温度，保证白天温度不低于 25℃，夜间温度不低于 15℃，待出苗后，适当降低温度。夏大白菜采取穴播方法，用种量

为 50～70 克/亩，株行距 30 厘米×55 厘米，密度为 4 000 穴/亩以上，夏季可采用遮阳网覆盖降温。

4. 移栽定植　西瓜定植前 15 天扣好大棚增加地温，栽植行开沟施基肥，施腐熟有机肥 2 000 千克/亩、尿素 10 千克/亩、硫酸钾 20 千克/亩、饼肥 50 千克/亩。施肥后要立即覆土，以确保肥料熟化。定植前 1 天打穴待栽。一般在 3 月中下旬（幼苗长至 4 叶 1 心或 5 叶 1 心）定植，定植宜在晴天进行。定植后浇足定根水，同时要覆盖地膜、小拱棚、草帘等。丝瓜定植前翻耕开沟集中施肥，利用大棚套种的在大棚两边直接开沟，施腐熟有机肥 2 500～3 000 千克/亩或商品有机肥 600～700 千克/亩、三元复合肥（NPK≥45%）40～50 千克/亩后深翻，在大棚侧边做成 50～60 厘米宽的小高垄，覆盖地膜。在畦的一侧，距离肥料 10～15 厘米处定植，每垄栽 1 行，株距 20～30 厘米，定植后浇透定根水，并封穴。

5. 田间管理

（1）西瓜。要注意以下 3 个关键时期：一是缓苗期。这一时期注意保持棚内较高的温度和湿度，避免强光，移栽后用草帘覆盖，提高成活率。若发现死苗或缺苗现象，及时进行补栽。二是伸蔓期。这一时期以控水整蔓为主，西瓜留蔓的数量为 3 条（主蔓 1 条，侧蔓 2 条），将其余的侧蔓除去。浇水要见干见湿，不宜浇水过多，以免妨碍根系生长。三是开花结果期。这一时期注意温度管理，一般不进行施肥和浇水。棚内白天温度保持在 28～30℃，夜间温度不低于 20℃。一般要进行人工辅助授粉以提高坐瓜率。结瓜后，在主蔓和侧蔓上各留 1 个瓜，当幼瓜长至鸡蛋大小时，选留 1 个瓜，及时在距根 30 厘米处穴施膨大肥，施硫酸钾 15 千克/亩、尿素 7.5 千克/亩，并浇足膨大水，以促进幼瓜膨大。中期要浇水追肥，后期要先结先施、多结多施，速效迟效结合，有瓜促瓜、无瓜促藤，一般整个生育期施 3 次肥。

（2）丝瓜。一是温度和湿度管理。定植后闷棚 3～5 天，以利于提高地温；开花期每隔 5～7 天浇水 1 次，促进开花结果；夏季气温较高，避免中午浇水。二是搭架及植株调整。主蔓长至 30～40 厘米时，及时搭架、绑蔓，可用塑料绳吊蔓爬上大棚架；及时摘除侧蔓，只留主蔓以促进结瓜；盛果期及时摘除基部老叶和部分雄花、卷须，以增加通风和透光，减少养分消耗，增加丝瓜产量。三是合理追肥。伸蔓初期穴施尿素 3～5 千克/亩；开花坐瓜后，穴施三元复合肥（NPK≥45％）15～20 千克/亩；采收后，每隔 15～20 天，追肥 1 次，穴施三元复合肥（NPK≥45％）15～20 千克/亩。

（3）夏大白菜。夏季温度较高，浇水量适当增加，以保持田间湿润为原则；一般在清晨或者傍晚浇水，避免忽干忽湿。下雨后注意及时排水，防止渍害发生。

6. 病虫害防治　西瓜主要病害有炭疽病、蔓枯病、霜霉病、白粉病；主要虫害有蚜虫、红蜘蛛。丝瓜主要病害有白粉病、灰霉病（彩图 1）、霜霉病、病毒病；虫害有蚜虫、黄守瓜、红蜘蛛、烟粉虱等。夏大白菜主要防治霜霉病、软腐病和病毒病；虫害主要有蚜虫、菜青虫、夜蛾类害虫等。

7. 采收　西瓜授粉后 28～35 天可采收上市，一般产量为 2 000 千克/亩；丝瓜采收宜在早晨进行，轻放忌压，尽快上市；夏大白菜的结球期正好处于高温、多雨的季节，植株很容易感染病害，且叶球也易开裂，因此，当大白菜包心达到七成以上就应该分批采收上市，以减少损失。

七、丝瓜—苋菜—青菜—莴苣
1 年 4 熟立体栽培

冯翠等总结了丝瓜-苋菜-青菜-莴苣（茎用莴苣）周年立体栽培模式的品种选择及茬口安排，并提炼该模式下不同蔬菜种植技术要点、病虫害防治及生产效益等。

1. 品种选择及茬口安排　丝瓜选用较受市场欢迎的地方品种如香丝瓜，于1月中旬地热线育苗，3月初定植，5月初开始采收，8月中旬采收结束；苋菜选用品质较好的圆叶红苋菜，1月下旬播种，3月上旬陆续采收，4月底采收结束；青菜选择上海青或苏州青，于5月上旬播种，6月中旬开始采收，6月底采收结束；莴苣选择耐热性好的品种，如耐热独秀，于8月上旬播种育苗，9月初定植，11月上中旬上市，12月上旬采收结束，实现全年设施蔬菜立体高效生产。

2. 早春大棚丝瓜种植技术要点

（1）播种育苗。播种前应先晒种、消毒、温汤浸种催芽。自配营养土配比（按体积）一般为草炭∶蚯蚓粪∶蛭石＝2∶1∶1，配好后装在50孔穴盘待用。早春铺设地热线加双层薄膜育苗，齐苗后关闭地热线，以防低温高湿引起苗期猝倒病。

（2）幼苗管理。丝瓜喜温，白天苗床温度控制在26～30℃，夜间温度控制在20～22℃，最低温度不低于15℃，夜间温度低时可加盖薄膜、草帘等。出苗前保持土壤湿润，齐苗后注意通风，定植前1周为防止幼苗徒长可适当控水。晴天温度高时避免中午浇水，一般早上9—10时或下午3—4时浇水较为适宜。

（3）定植。定植前施足基肥，结合深耕每亩施腐熟有机肥1 000～1 200千克＋45％硫酸钾型复合肥30千克＋生物菌肥30千克。在大棚中间起垄，垄宽0.5米、高0.1米。定植前5～7天关闭大棚并覆盖透明地膜增温，以利缓苗。幼苗炼苗2～3天后定植在垄中间，株距35厘米左右。

（4）搭架理蔓。瓜苗长至5～6片真叶，株高30～40厘米时搭架引蔓。待丝瓜抽蔓后，搭2米高的"人"字架竹竿，以竹竿为支撑物拉爬藤网，丝瓜藤从棚中间往两边顺蔓生长。

（5）水肥管理。丝瓜喜水肥，根瓜开放后，每亩施腐熟农家肥1 000千克，之后在每次采收时，间隔交替施用腐殖酸钾20千克/亩＋

尿素 20 千克/亩或硫酸钾型复合肥 15 千克，整个生育期施肥3～4次。及时疏去雄花、卷须，剪除老叶、病叶。

（6）病虫害防治。早春丝瓜注意防治病毒病、霜霉病、蚜虫、蜗牛等。病毒病可用 70％盐酸吗啉胍·铜可湿性粉剂 500 倍液喷雾防治，每隔 7 天防治 1 次，共防治 2 次；霜霉病可用 75％百菌清可湿性粉剂 300～500 倍液或 30％醚菌酯水剂 800～1 200 倍液喷雾防治，每隔 7 天防治 1 次，连续防治 2～3 次；防治蚜虫用 40％吡虫啉水溶剂 1 500～2 000 倍液或 0.8％的苦参碱水剂 1 500～2 000 倍液喷雾，药剂交替使用，每隔6～7 天喷施 1 次，连续喷施 2～3 次；防治蜗牛用 1.6％四聚乙醛颗粒 300 克穴施，或硫酸铜 800～1 000 倍液浇灌，每 10 天防治 1 次，连续防治 2 次。

3. 早春苋菜种植技术要点

（1）播种。1 月下旬播种早春苋菜。播种前进行浸种催芽处理，80％种子露白后即可播种，一般每亩用种量 1.5～2 千克。播种前浇足底水，播后覆盖一层薄土，再盖上小拱棚，保温增湿，以利出苗。

（2）田间管理。苋菜喜温，早春保持棚内温度 20～25℃。一般播种后 10～13 天出苗，出苗后白天及时打开小拱棚，使幼苗充分见光，夜间温度低时可盖上小拱棚。土壤以保持湿润为宜，小水勤浇，尽量选择在晴天上午浇水。在 2～3 片真叶展开时，开始间苗，以"间密不间稀、间弱不间强"为原则。间完苗进行第 1 次追肥，一般每亩施 0.2％尿素溶液；第 2 次追肥撒尿素 10 千克/亩＋45％硫酸钾型复合肥 15 千克，撒肥后及时浇水。

（3）中耕及采收。生长期间及时中耕除草。3 月初，当苋菜株高 15～20 厘米，长出 8～9 片真叶时可分批采收，主枝采收后在基部留 2～3 节，促进侧枝萌发，以提高产量。

（4）病虫害防治。早春苋菜病害较少，偶有猝倒病和白锈病发生。猝倒病可用 72％霜霉威盐酸盐水剂 400 倍液或 15％噁霉灵水剂 1 000 倍液喷雾防治；白锈病发病初期喷施 50％琥铜·甲霜灵可湿性粉剂 600～700 倍液进行防治，每 7 天防治 1 次，连续防治 2～3 次，采收前 15～20 天停止用药。

4. 夏季青菜种植技术要点

（1）播种。青菜于 5 月上旬播种，采取撒播方式，播种后浇透水。

（2）田间管理。出苗前保持土壤湿润，出苗后 18～20 天每亩追施水溶肥 5 千克。中耕除草、间苗 1～2 次，35～40 天即可采收。

（3）病虫害防治。夏季青菜病害发生较少，虫害主要有蚜虫、菜青虫、黄曲条跳甲等。防治蚜虫可用 0.8％苦参碱可溶液剂 1 500～2 000 倍液或 3％啶虫脒微乳剂 1 000 倍液喷雾，药剂交替使用，每隔 6～7 天喷施 1 次，连续喷施 2～3 次；菜青虫每亩可用 8 000IU*/毫克苏云金杆菌可湿性粉剂 100～150 毫克或 2.5％氯氟氰菊酯乳油 2 500～5 000 倍液喷雾防治，每隔 7 天喷施 1 次，连续喷施 2 次；防治黄曲条跳甲可于 1～2 龄幼虫盛发期，用 0.3％印楝素乳油 800～1 000 倍液喷雾，根据虫情约 7 天后再防治 1 次。

5. 秋季莴苣种植技术要点

（1）播种育苗。8 月上旬播种育苗。播前用清水浸种 10～12 小时，将种子捞出后用纱布包好置于 10～15℃培养箱进行催芽，3～4 天待大部分种子露白后即可播种。播前浇足水，播后用齿耙浅耙畦面使种子和土混合，并稍压紧，播后盖遮阳网，每天喷水 1 次。出苗后及时揭除遮阳网并间苗 1～2 次。

（2）定植。9 月初在莴苣长出 4～5 片真叶时定植。定植前结合整地亩施腐熟有机肥 1 000 千克＋45％硫酸钾型复合肥 40 千克，定植后浇缓苗水。

＊ IU，International Unit，全称为"国际单位"。——编者注

（3）田间管理。活棵后施催苗肥，每亩施 45％硫酸钾型复合肥 10 千克＋尿素 5 千克，苗期少浇水，浅中耕，促进根系发展；团棵时第二次施肥，每亩浇施尿素 5 千克；封行后第三次施肥，每亩施尿素 30 千克＋45％硫酸钾型复合肥 12 千克，以促进茎部增大。在收获前 15 天左右停施追肥，防止抽薹。

（4）病虫害防治。秋季莴苣易发生霜霉病，发病时用 58％甲霜锰锌可湿性粉剂 500 倍液叶面喷施或 64％噁霜锰锌可湿性粉剂 500 倍液，每 7～10 天喷 1 次，连喷 3～4 次。

6. 效益分析　早春丝瓜和早春苋菜能提早上市，夏季青菜无公害生产，秋莴苣提早上市，均取得了较好的效益。每亩丝瓜产量 3 170.2 千克，产值 1.59 万元；苋菜产量 1 125.3 千克，产值 0.54 万元；青菜产量 682.4 千克，产值 0.19 万元；莴苣产量 3 672.4 千克，产值 0.73 万元。总产值约 3.1 万元，去除成本（大棚和棚膜折旧、种苗、肥料、农药、人工、地租等）约 1.6 万元，每亩纯收益在 1.5 万元以上。

八、大棚黄瓜—丝瓜—小白菜—西芹周年栽培

张正华等总结出大棚黄瓜、丝瓜、小白菜、西芹周年栽培技术，具体如下。

1. 茬口安排　黄瓜 1 月中下旬播种，2 月底至 3 月初定植，4 月上旬至 6 月中旬收获；丝瓜 2 月上旬播种，3 月中旬定植，6 月初至 8 月底收获；小白菜 7 月中旬播种，8 月中旬收获；西芹 9 月初播种，11 月底定植，翌年 1—2 月收获。

2. 品种选择　黄瓜选用早熟、抗病、耐低温、产量高的品种，如津优 10、津优 20；小白菜选择耐热的品种，如青伏令；丝瓜选用江蔬 1 号等杂交品种；西芹选用美国西芹或玻璃脆。

3. 育苗与定植

（1）黄瓜。采用大棚＋小棚覆盖＋营养钵育苗。播种前 1 天浇足底水，将催好芽的种子播于营养钵内，每钵 1 粒，并盖土 1.0～1.5 厘米厚，然后覆盖稻草盖上地膜，扣上小拱棚及草帘，保温保湿，利于出苗，当 80％种子出土后，及时揭去稻草和地膜。定植时在垄顶开两行穴，窄行行距为 40 厘米，宽行行距 80 厘米左右，两垄之间为宽行，株距 30 厘米。

（2）丝瓜。3 月中旬将丝瓜套栽于大棚内侧，每棚种两行。

（3）小白菜。在黄瓜拉秧后及时翻耕除丝瓜以外的畦块，采用直播的播种方式。

（4）西芹。采用低温处理法育苗，即先将种子用药液浸泡 24 小时，其间用清水冲洗 2 次，然后用干净的湿纱布包裹，低温处理 3～5 天，每天冲洗 1 次；50％种子发芽时播于苗床上，早晚各浇水 1 次，浇水量以保持床土湿润为宜；每隔 7～10 天追施 1 次稀腐熟人粪尿，幼苗长至 3 叶 1 心时，进行分苗假植，苗距 6 厘米。

4. 田间管理

（1）黄瓜。苗期温度以白天 25～28℃、夜间 15～18℃为宜，尽量使幼苗多见光。应尽量少浇水，若需要浇水，可结合喷施 0.2％～0.3％磷酸二氢钾或尿素叶面追肥。定植前基肥施优质腐熟的农家有机肥 7 500～10 000 千克/亩、磷酸二铵 50 千克/亩，深翻土壤 30～40 厘米，耙平。定植后 1 周左右开始缓苗，此段时期棚内应保持较高的温度，白天 28～30℃，夜间不低于 18℃；缓苗后棚内温度适当降低，白天 25～28℃，超过 30℃要加大放风量，夜间保持温度 16～20℃。甩蔓时，应及时绑蔓，及时去除植株基部第 5 节以下的侧枝，5 节以上的侧枝留 1 条瓜，并在瓜前留 2 片叶摘心，摘除畸形瓜、病叶、老叶及已收完瓜的侧枝。根瓜坐住前，适当蹲苗控秧保瓜，一般不浇水不施肥，以防徒长。根瓜开始膨大时开始浇第 1 次水，以后根据根瓜及其以上幼瓜的坐瓜情况每隔

7～10 天浇 1 次水，采用膜下暗灌，水量不宜过大，每采摘 2～3 次追 1 次肥，以速效氮肥为主。

（2）丝瓜。应注意及时引蔓，使瓜蔓均匀分布于大棚架面，1 米以下的侧蔓全部抹除，1 米以上的侧蔓留雄花后于 1 叶时摘心，收获时连同丝瓜一起自侧蔓基部剪除。黄瓜采收后中耕 1 次，追施 1 次稀粪水，以后每采收 2～3 次追施 1 次肥。

（3）小白菜。在黄瓜拉秧后及时翻耕除丝瓜以外的畦块，施生石灰 75～100 千克/亩、腐熟有机肥 2 000 千克/亩、复合肥 20 千克/亩后直播。

（4）西芹。定植成活后追施 1 次发苗肥，一般追施腐熟人粪尿 700 千克/亩。以后每隔 15 天用人粪尿 700 千克/亩＋硼肥 0.15 千克/亩＋过磷酸钙 10 千克/亩追肥 1 次，结合中耕除草，全生育期要保持土壤湿润。采收前 30 天和 15 天各喷施 1 次浓度为 100 毫克/千克的赤霉素，以提高产量和改善品质。

5. 病虫害防治　坚持预防为主、防治结合的原则。苗期主要病害有立枯病和猝倒病，可喷施 75％百菌清可湿性粉剂 1 000 倍液，或铜氨合剂 400 倍液防治。其他的主要病虫害有斑枯病、软腐病、病毒病、蚜虫等，要注意及时防治。

6. 产量　黄瓜产量 6 000 千克/亩、丝瓜 2 000 千克/亩、小白菜 800～1 000 千克/亩、西芹 3 000～4 000 千克/亩。

九、大棚早春茄子—丝瓜—
秋延后西芹高效栽培

周峰等总结出大棚早春茄子、丝瓜、秋延后西芹高效栽培模式，该模式产量高，经济效益显著，每亩总产值 18 000 元左右，纯收入达 8 000 元左右，成为盐城市亭湖区当地主要栽培模式。

1. 茬口安排　早春茄子于 9 月下旬播种，翌年 2 月上旬定植；

大棚丝瓜于翌年1月下旬播种，3月上旬定植；秋延后西芹6月中旬播种，9月中下旬定植。

2. 品种选择　茄子宜选择耐低温、耐寡照的品种，如苏长茄、苏崎茄、盐城本地绿茄、西安绿茄等；丝瓜宜选用早熟、丰产、抗病性强的品种，如五叶香丝瓜、盐城早熟棒形丝瓜；西芹一般选用文图拉等进口品种。

3. 种植密度　早春茄子栽培时采用大棚＋小棚＋草帘＋地膜多层覆盖，每个大棚分两个小棚，跨度250厘米，小棚分两个畦，每畦栽两行，平均株距35～40厘米，行距90厘米，每亩栽2 000～2 500株；在茄子小行距中按50厘米间距套种1行丝瓜，每亩2 200株左右；西芹定植株距30厘米，行距30～35厘米，每亩6 000株左右。

4. 适时育苗　早春茄子采用大棚＋小棚、小棚上加盖草帘的覆盖方式，营养钵育苗，遇突发性寒流可用电热线加温，防止冷害和冻害；丝瓜采用电热线育苗，将精选种子放在55℃热水中浸泡10～15分钟，再用25～30℃温水浸种6～10小时，然后用湿布包好置温暖处催芽，出芽后播于营养钵中；秋延后西芹播种期正值高温季节，播种前种子应进行低温处理，当50%左右种子露白时即可播种，西芹种子小，拱土力弱，覆土宜薄，一般覆土厚0.5厘米即可，覆土后应盖上草帘、稻草或遮阳网等，并经常浇水，使床土保持湿润状态。

5. 移栽定植　大棚茄子一般定植前2个月扣好大棚，每亩施入腐熟有机肥2 000～3 000千克、饼肥100千克、磷酸二铵20～30千克、过磷酸钙50千克、氯化钾20～30千克，前期要加盖小棚，小棚加盖草帘；丝瓜苗龄45天，长出3～4片真叶时定植；西芹定植田块应翻耕晒垡，施足基肥，一般每亩施腐熟有机肥5 000千克、饼肥30千克、尿素15千克、过磷酸钙40千克、草木灰50千克，定植时间大多选在晴天傍晚或阴天，选用健壮、大小一致的幼苗定植，成活前每天浇水一次，成活后沟灌一次透水。

6. 田间管理

（1）茄子。定植后一周内小棚不通风，但要揭草帘，促进缓苗，以后坚持每天揭草帘、揭小棚膜通风透光，一般白天温度控制在 25～32℃，夜间控制在 15～20℃，定植后浇足定根水，以后适当控制浇水，田间缺水时采用膜下暗灌；丝瓜生长期长，需肥量大，一般抽蔓后施追肥一次，施尿素 10 千克/亩，开花坐果后追一次膨瓜肥，每亩施尿素 20 千克，进入采收期后，一般要求采收一次、追肥一次。

（2）丝瓜。丝瓜对水分要求较高，在生长中后期，要采用膜下暗灌等方式，经常保持土壤湿润。生产上一般只选留主蔓结瓜，当茎蔓 5 叶以上时应及时绑蔓，通常采用塑料绳吊蔓，以便于管理和降蔓，茎蔓一般保持在高 1.5 米左右，以防止顶部接触薄膜被灼伤。为了促进大棚丝瓜早熟丰产，可采用人工授粉，一般应在早上 5—8 时进行。

（3）西芹。秋延后西芹前期以保湿、中耕除草、施速效氮肥、防治蚜虫等为主，后期注意增施复合肥、控制湿度、保温、防病。当气温降至 −5℃时应在大棚内套小拱棚，当气温持续降至 −7℃以下时，小拱棚上加盖草帘以增强保温效果；西芹生长中后期施氮磷钾肥的同时注意补充微量元素，如硼、钙等，以防止空心、叶柄纵裂及黑心病的发生。

7. 病虫害防治 早春大棚茄子主要病虫害为灰霉病、黄萎病、根腐病和茶黄螨等，可采用烟熏剂、70%甲基硫菌灵、50%腐霉利以及 70%炔螨特等药剂防治。大棚丝瓜前期主要防灰霉病、霜霉病，后期主要防白粉病和枯萎病，灰霉病可用 50%腐霉利 1 000 倍液交替喷施防治；霜霉病可用 72.2%霜霉威盐酸盐水剂 800 倍液，或 70%锰锌·乙铝可湿性粉剂 500 倍液交替喷雾防治；白粉病可用 15%三唑酮 1 000 倍液，或 75%百菌清 600 倍液交替喷雾防治；

枯萎病可用 12.5％增效多菌灵 200～300 倍液灌根防治，每株灌药量 100 毫升左右。西芹主要病虫害有斑枯病、软腐病、病毒病、美洲斑潜蝇等，斑枯病可用 37％苯醚甲环唑 1 500 倍液或 40％腈菌唑 1 500 倍液喷雾防治；病毒病可用 5％的盐酸吗啉胍 1 000 倍液加 5％氨基寡糖素 1 000 倍液喷雾防治；美洲斑潜蝇可用 5％阿维菌素 1 500 液加 98％灭蝇胺 5 000 倍液喷雾防治。

8. 产量与效益　该模式每亩总产值 18 000 元左右，纯收入达 8 000 元左右。

十、大棚豇豆—丝瓜—芹菜—小白菜 周年高效安全生产

王强总结了大棚豇豆、丝瓜、芹菜、小白菜周年栽培模式，栽培技术如下。

1. 茬口安排　早熟豇豆 3 月上旬直播，5 月上旬至 6 月中旬采收；丝瓜 2 月下旬育苗，3 月下旬定植，6 月中旬至 8 月下旬采收；芹菜 8 月下旬育苗，10 月上旬定植，12 月上旬采收；小白菜 12 月中旬直播。

2. 品种选择　豇豆应选早熟、丰产、品质优、生长势强的品种，如宁蔬春早、宁蔬春丰等；丝瓜宜选早熟、生长势强、产量高的品种，如新翠玉；芹菜选用六合黄心芹；小白菜的白梗品种可选用春月，青梗品种可选用春绿。

3. 适时育苗　丝瓜在 2 月下旬电热温床育苗，播种前种子先在 50℃水中浸泡 0.5 小时，25～30℃水中浸泡 6～8 小时，捞出后置于 30～32℃恒温箱中催芽，待 90％种子露白后播种于营养钵或50 穴塑料穴盘中并覆膜，种子顶土后揭膜；芹菜种子极小，发芽慢，育苗难度大，可选用疏松透气、排灌方便的地块作苗床，播前施足有机肥，精细整地。撒籽要匀，撒籽后用踏板踩踏畦面，加盖

遮阳网，然后用喷壶淋水。

4. 移栽定植 豇豆穴播，每穴 3～4 粒种子，株距为 25 厘米，大行距 70 厘米，小行距 40 厘米；大棚内两边各栽 1 行丝瓜，适当稀植；芹菜定植时大小苗分开，一般株距 4～5 厘米，行距 15 厘米，开沟定植；小白菜播种时先在沟内浇底水，然后条播，每亩用种量 500 克。

5. 田间管理

（1）豇豆。肥水管理的原则是前期防止茎叶徒长，后期防止早衰。苗期要适当控制水分，防茎叶徒长；开花结荚期需水较多，应 7 天左右浇 1 次水。开花结荚期追肥 2～3 次，每次穴施三元复合肥（NPK≥25%）10～15 千克/亩，每次追肥后，充足浇水以利吸收。整个生长期遇雨应注意排除田间积水，以免造成烂根、掉叶、落花。

（2）丝瓜。当苗高 20 厘米左右时，搭架绑蔓。在每株丝瓜旁边插 1 根竹质架材，顺着竹架每隔 3～4 片叶绑蔓 1 次，需绑蔓 3～4 次，及时摘除侧蔓。6 月中旬，在前茬豇豆拆架拉秧后，清洁田园。6 月中下旬当丝瓜高度约 1.6 米时，在大棚内 1.8 米高处平搭植物攀爬尼龙网，四周用绳子与大棚钢架固定好，中间拉铁丝支撑，引蔓上网。此时要用大棚两侧卷膜器将薄膜卷到较高处，使大棚下部通风良好，上面起到防雨棚的作用。结瓜初期可进行人工授粉以促进坐瓜。定植活棵后追肥 2～3 次，每次浇施 0.15% 磷酸二氢钾和 0.15% 尿素混合液 2 000 千克/亩。进入结果期后，每采收 2～3 次，追肥 1 次，每次施入 10 千克/亩的三元复合肥（NPK≥30%）。

（3）芹菜。芹菜定植后，随着气温的降低可搭建小拱棚，覆盖塑料薄膜，以防寒保温。白天温度控制在 28～30℃，夜晚温度控制在 18～20℃；中午温度过高时，先揭小棚，然后揭大棚进行放风。定植后要小水勤浇，保持土壤湿润，促进成活；水肥管理应一促到底；植株成活后追肥 2 次，每次每亩追施有机-无机复混肥（NPK≥30%）15 千克加硼酸 0.3 千克，顺着芹菜定植行开沟施肥，施肥后充分浇水。当心叶充分肥大，植株高度达到 45 厘米时即可采收上市。

（4）小白菜。芹菜腾茬后，及早翻耕，密闭大棚，提高地温。每亩施复合肥（NPK≥25％）25 千克和腐熟厩肥 1 000 千克作基肥；冬季注意保温，小拱棚内温度不超过 28℃不用揭膜，超过 28℃需揭小拱棚膜，不用揭大棚；如中午棚内温度超过 30℃，可在背风面放风透气。

6. 病虫害防治 豇豆的主要病害有锈病、白粉病、叶斑病、根腐病。锈病和白粉病可用25％三唑酮粉剂 1 000 倍液防治；叶斑病可用 65％代森锰锌可湿性粉剂 500 倍液，或 50％多菌灵可湿性粉剂 500 倍液防治；根腐病用 75％敌磺可溶性粉剂 800 倍液防治。丝瓜虫害主要有蚜虫、白粉虱、红蜘蛛等，可在大棚棚门及通风口处安装防虫网和黄色粘虫板；防治红蜘蛛要以农业措施为主，及时清除棚内杂草，摘除病残老叶等；病害主要有炭疽病和疫病，炭疽病可用 70％代森锰锌可湿性粉剂 450 倍液和 10％苯醚甲环唑水分散粒剂 1 500 倍液进行交替喷施防治；疫病可用 50％甲霜灵锰锌可湿性粉剂 500～600 倍液和 72％霜脲锰锌可湿性粉剂 600～800 倍液交替喷施防治。芹菜主要虫害是蚜虫，棚室通风窗口要安置防虫网，大棚内悬挂粘虫黄板；病害主要有斑枯病和叶斑病，防治斑枯病用 75％百菌清烟熏剂，每亩用药 0.3 千克，熏烟 4～6 小时，或 70％代森锰锌可湿性粉剂 500 倍液喷施；防治叶斑病喷施 77％氢氧化铜可湿性粉剂 500 倍液，或 50％多菌灵可湿性粉剂 800 倍液。小白菜病害主要有软腐病、霜霉病，软腐病可用 72％农用链霉素 4 000 倍液或 50％氯溴异氰尿酸 1 000 倍液喷施防治；霜霉病可用 72％霜脲锰锌 600～800 倍液或 58％甲霜灵锰锌可湿性粉剂 650～1 000 倍液喷施防治。由于菜秧生长时间短，用药时应注意安全隔离期。

7. 采收 在小白菜 4 叶 1 心时采收第 1 茬，保留生长较小且达不到采收标准的植株，然后浇施 0.1％磷酸二氢钾和 0.1％尿素混合液，均匀浇施。第 2 茬于菜秧 5 叶 1 心时采收。

十一、免耕菜苜蓿—丝瓜（苦瓜）
设施高效绿色栽培

　　袁建玉总结了免耕菜苜蓿—丝瓜（苦瓜）设施高效绿色栽培模式，具有较好的经济效益。

　　1. 品种选择　菜苜蓿可根据当地消费习惯，选用抗性强、品质好、产量高的品种，如淮扬金花菜、扬中小叶种和上海小叶种等；丝瓜（苦瓜）宜选用生长旺盛、耐高温、早熟的品种，如江蔬 1 号、绿油 1 号等丝瓜品种，赛碧绿等苦瓜品种。

　　2. 播种育苗　菜苜蓿第一次播种按常规方式播种。为保证高出苗率，一般用带壳的螺旋状荚果种，8 月中旬至 9 月下旬均可播种，每亩用种量 40～60 千克。第二年无需播种，第一年植株结籽，不采收，自然老去落于土中。8—9 月，种子随基肥翻耕入土，根据土壤湿度，微喷灌 1 次水，即可等待出苗，并根据出苗情况，及时补苗；丝瓜（苦瓜）从 2 月中下旬至 4 月中下旬均可育苗，但育苗越晚采收期越短（9 月上旬，菜苜蓿翻耕入土）。一般于 3 月中旬浸种于穴盘，用 60℃温水浸种 20～30 分钟，不断搅动，后将种子外壳黏液洗净后置于 25～30℃条件下催芽，当 80% 种子露白时即可播种。播种后及时覆盖薄膜，加盖小拱棚＋大棚保温，温度保持 20～30℃，2～3 天即可出苗。苗龄 30～40 天（2 叶 1 心或 3 叶 1 心）。

　　3. 移栽定植　丝瓜（苦瓜）定植前，将大棚内两侧 50 厘米处，深耕 20 厘米，做高畦 30～40 厘米。每亩（折合成丝瓜或苦瓜栽培面积约 133 米^2）在畦面沟施生物有机肥 300 千克、三元复合肥（NPK 比例为 15：15：15）10 千克。覆盖地膜，10 厘米处土温稳定在 10℃以上时定植。一般 4 月中旬定植，每边各 1 行，每亩约 150 株。

4. 田间管理

（1）菜苜蓿。每亩施腐熟有机肥 1 500 千克，然后翻耕土壤，做畦，畦面宽 1.5 米，沟宽 0.25 米，沟深 0.2 米，畦面要平。菜苜蓿收割 1～2 批后于冬季大棚封闭前，追 1 次肥，每亩施尿素 5 千克均匀撒施，若土壤较干燥，撒施肥料后可适当采用喷灌或滴灌方式补水。进入冬季后大棚基本封闭，尿素应谨慎使用，防止烧苗。

（2）丝瓜（苦瓜）。在浇足定根水的基础上，坐瓜前宜保持畦面土壤疏松、见干见湿。丝瓜（苦瓜）结瓜多，需肥量大，除施足基肥外，还应勤追肥。本模式丝瓜（苦瓜）结果期有 2 个月，且后期菜苜蓿可还田作绿肥，氮肥充足，一般丝瓜（苦瓜）缓苗后，随浇水在根部施 1 次缓苗肥，每亩施三元复合肥（NPK 比例为 15：15：15）2 千克。根据天气情况和植株长势，再追 2 次肥，每次随水根部穴施三元复合肥（NPK 比例为 15：15：15）2 千克/亩。

5. 病虫害防治　菜苜蓿虫害主要有蛴螬、蝼蛄和蚜虫，病害主要有猝倒病、灰霉病、菌核病等。蛴螬、蝼蛄可在整地时每亩用 3％辛硫磷颗粒剂 2 千克均匀撒施防治；蚜虫可每亩用 10％吡虫啉可湿性粉剂 15 克兑水喷雾防治；猝倒病、立枯病可用 72.2％霜霉威盐酸盐水剂 5 毫升/亩对根茎部浇灌防治；灰霉病、菌核病可用 50％异菌脲可湿性粉剂 75～100 克兑水防治。采收要严格遵守安全间隔期。丝瓜（苦瓜）病害主要有霜霉病、疫病、白粉病等。霜霉病、疫病，可用 50％烯酰吗啉可湿性粉剂 40～64 克/亩或 72.2％霜霉威盐酸盐水剂 75～125 毫升/亩兑水喷雾防治；白粉病可用 30％醚菌酯水剂 20～40 毫升/亩防治。丝瓜（苦瓜）虫害主要有蚜虫、潜叶蝇、白粉虱等，应优先采用物理防治方法，如黄板、杀虫灯诱杀等；药剂防治可用 10％吡虫啉可湿性粉剂 15 克或 0.5％苦参碱水剂 40～70 毫升兑水喷雾。

6. 采收与收益

(1) 菜苜蓿一次播种，多次采收。第一次采收应在菜苜蓿苗单株高不超过 10 厘米时及时收割；以后收割拔节前在菜苜蓿苗高 10～15 厘米时，拔节后菜苜蓿苗高 20～30 厘米时，留茬 3～4 厘米采收，一直采收到翌年 4 月上旬，共采收 10～12 次。累计产量可达 2 000 千克/亩，每亩产值约 17 000 元。

(2) 丝瓜（苦瓜）6 月中旬开始采收，7—8 月盛收期每天采收 1 次，可采至 9 月中上旬。丝瓜产量约 2 000 千克/亩，苦瓜产量约 1 500 千克/亩，因在伏夏季节上市，有效填补伏缺，市场价格较高，丝瓜亩产值可达 8 000 元左右，苦瓜亩产值达 7 500 元左右。

十二、草莓—丝瓜—小白菜高效栽培

张芸总结了草莓—丝瓜—小白菜高效栽培模式，效益较高且稳定。

1. 茬口安排 草莓 9 月 1 日之前定植，翌年 4 月底采收完；丝瓜 2 月中旬采用穴盘育苗，3 月底定植，5 月至 8 月中旬采收完；小白菜在草莓收获后的 5—8 月均可播种，夏季利用丝瓜叶遮阳防雨栽培。可在不影响下茬草莓种植的情况下多增加 2 茬作物。

2. 品种选择 草莓选择红艳、丰香品种；丝瓜选择翠玉、江蔬 1 号、五叶香等品种；小白菜选择耐热品种，如华凤、华冠、抗热 605 等。

3. 育苗定植 草莓在 8 月 26 日至 9 月 1 日，幼苗 5 叶以上，阴天或下午定植，温度过高时需覆盖遮阳网。定植前可用生根粉蘸根，定植时"上不埋心、下不露根"，弓背向外（边行弓背向里），行距 20 厘米，株距 15 厘米。丝瓜采用 50 孔育苗穴盘在温室或大棚内育苗。播前需进行温汤浸种、催芽处理，待 50% 种子露白后播于穴盘，每穴 1 粒，覆盖基质厚 1 厘米；用种量 0.1 千克/亩左右。播种后注意保温，昼温 25～30℃，夜温 15～18℃，出苗后适当通风降温；定植前 5～7 天降温炼苗；苗龄 30～35 天。小白菜播前撒施腐熟有机肥 10 000～15 000 千克/亩或商品有机肥 300～500 千克/亩、三元复合肥（NPK≥30％）20～30 千克/亩，施后翻耕耙细，做成 1.5～2 米宽的高畦；种子均匀撒播，用种量 0.75～1 千克/亩，播后镇压，贴地覆盖遮阳网，浇透水；60％～70％的种子出苗后揭除遮阳网。

4. 田间管理

（1）草莓。一是休眠控制。在促成栽培中一般要选择休眠浅的品种，其次是采取抑制休眠的措施，生产上一般用赤霉素处理，即在草莓植株第二片新叶展开时（一般扣棚保温 7 天后）喷赤霉素，用酒精溶解后喷施。对丰香、红颜、章姬等浅休眠品种只需喷 1 次，浓度为 5～10 毫克/升，每株用量 5 毫升；对休眠较深的品种，如全明星、达赛莱克特等可喷 2 次，在 30％～40％现蕾期喷施第二次赤霉素，浓度为 10 毫克/升。二是温度管理。10 月中旬现蕾时覆盖黑色地膜，破膜提苗。夜温 10℃ 以下时，系好围裙。10 月中下旬，夜温降至 5℃ 以下时盖好棚膜；温度降至 0℃ 以下时覆盖中棚膜。三是水肥管理。扣棚前和开花期施专用肥 15～20 千克/亩，幼果膨大时追施专用肥 4～8 千克/亩，整个生育期一般追肥 3～4 次。追肥结合浇水，严冬及生长后期减少灌水，每 7～10 天喷 1 次 0.2％磷酸二氢钾叶面肥。四是辅助授粉。始花期在棚内释放专用蜜蜂，1 个大棚放置 1 箱。

（2）丝瓜。一是温湿度管理。定植后，闷棚 3～5 天。开花结果期加强水分管理，一般每 5～7 天浇水 1 次，夏季浇水应避免在中午进行。二是搭架及植株调整。主蔓长 30～40 厘米时，及时搭架、绑蔓。多采用平棚型竹木架，幅宽 4 米左右。丝瓜栽培以主蔓结瓜为主，摘除所有侧蔓；盛果期摘除基部老叶及过多的雄花、卷须。三是合理追肥。伸蔓初期穴施尿素 3～5 千克/亩；开花坐瓜后，穴施三元复合肥（NPK≥30%）15～20 千克/亩；采收后，每隔 15～20 天，追肥 1 次，穴施三元复合肥（NPK≥30%）15～20 千克/亩。

（3）小白菜。保持土壤湿润，浇水应在早晨和傍晚温度较低时进行，每天浇水 1～2 次。菜秧一般不追肥，可在定苗后追施 0.2%磷酸二氢钾、0.3%尿素混合溶液 2 000 千克/亩。

5. 病虫害防治 坚持预防为主、防治结合的原则，使用低毒、高效农药，注意药剂的交替使用。丝瓜主要病虫害有白粉病、灰霉病、霜霉病、病毒病、蚜虫、黄守瓜、红蜘蛛、烟粉虱等，应选对应药剂防治。小白菜主要病虫害有软腐病、霜霉病、小菜蛾、菜青虫、黄曲条跳甲、蚜虫等，应选择对应药剂防治。

6. 采收 丝瓜一般授粉 10～15 天即可采收，采收宜在早晨进行，保护好瓜皮，然后包装尽快上市。

第七章 丝瓜主要病虫害识别及防治

一、主要病害识别及防治技术

(一) 霜霉病

俗称跑马干、黑毛病，尤其是在保护地内，连续阴雨或湿度大时病害重，仅半个月就可造成丝瓜叶片干枯，产量降低，甚至绝收。

1. 症状识别　在苗期和成株期均会发生，主要危害叶片（彩图 2）。先在叶正面出现不规则的褪绿病斑，后逐渐扩大为多角形的黄褐色病斑，湿度高时病斑背面长出白灰黑色霉层，即病菌孢囊梗及孢子囊，后期病斑开始连片，造成整叶枯死。

2. 传播途径和发病条件　在周年种植丝瓜的南方地区，病菌会在病叶上越冬或越夏。而北方病原菌的孢子囊主要通过季风从南方或附近地区传播，引起初次侵染和再侵染。棚内温度在 15～22℃，相对湿度超过 83% 时，有利于病害发生。当水滴或水膜在叶片上停留 2～6 小时时，病原菌易侵染叶片并形成病斑。在雨、露和日照交替期间，发病较早，且更为严重。密植、施肥不足、浇水过多、通风不良等因素可加重病害发生。

3. 防治方法

（1）选用抗病品种。

（2）加强田间管理。施足底肥，增加有机肥、磷钾肥的施用；培育壮苗，防止幼苗发生徒长和老化，提高幼苗抗病能力；坐瓜后，避免大水漫灌，及时排除田间积水；定期整枝打杈，保持植株内部良好的空气流通；生长期及时摘除病叶、老叶，改善通风透光条件。

（3）药剂防治。霜霉病通过气流传播，发展迅速，易流行，一旦在田间发现中心病株或病区后，及时去除病叶。应在发病前7天左右开始喷药，如75％百菌清可湿性粉剂600倍液、72％霜脲锰锌（杜邦克露）可湿性粉剂600～800倍液、30％醚菌酯水剂800～1 200倍液，或65％代森锌可湿性粉剂400～500倍液。

（二）白粉病

由瓜类白粉菌侵染所引起，主要危害叶片，严重时会危害叶柄和茎。从苗期至成株期均可染病。

1. 症状识别　发病初期，叶片表面或背面产生白色粉状小圆斑，逐渐扩大为边缘不明显的不规则形白粉状霉层粉斑（彩图3）。白色粉状物即为病原菌的分生孢子和分生孢子梗及无色透明的菌丝。在严重的情况下时，多个粉斑开始连片，甚至覆盖整张叶片。

2. 传播途径和发病条件　病原菌喜温暖潮湿的环境。当温度范围为10～35℃，日均温度为20～25℃，相对湿度45％～95％时最适发病；生育期内最适感病时期为成株期至采收期。发病潜伏期为58天。病原菌对湿度的适应范围极广，当相对湿度达25％以上时即可萌发。

3. 防治方法

（1）选用抗病品种。

（2）加强田间管理。及时开沟排水；及时清除病叶、老叶；加强通风透光；增加磷钾肥的施用。

（3）药剂防治。在发病初期及时喷药防治，药剂可用10％苯醚甲环唑水分散粒剂1 500倍液，或15％三唑酮可湿性粉剂1 500

倍液，或 2%农抗武夷菌素水剂 200 倍液进行防治，每 7~10 天喷1 次，连续喷 2~3 次，注意交替使用。

（三）疫病

丝瓜疫病是一种植物病害，在染病的瓜条上会形成近圆形稍凹陷的水渍状病斑。

1. 症状识别

（1）果实发病症状。丝瓜果实的发病大多从花蒂开始，病斑凹陷，初期出现暗绿色水渍，湿度大时瓜条迅速软腐，并伴有白色霉状物（彩图 4）。

（2）茎蔓发病症状。丝瓜茎蔓发病主要在嫩茎部或节间部，初期水渍状，扩大后整段湿腐，呈暗褐色。

（3）叶片发病症状。丝瓜叶片发病最初表现为水渍状黄褐色斑，湿度高时着生白色霉变层，干燥时呈青白色，易破碎。

2. 传播途径和发病条件 丝瓜疫病的病原菌以菌丝及卵孢子的形式附着在种子上或病残体上在土壤中越冬，后通过风雨和灌溉水传播，遇阴雨或潮湿时发病严重。丝瓜成株坐瓜后，雨水多，湿度高，容易发病，且土壤黏度高、地势低洼、重茬地发病重。

3. 防治方法

（1）选用抗病品种丝瓜，并实行轮作；选择地势适中、排灌方便的田地，秋冬深翻，施足腐熟有机肥；采用高垄栽培，及时翻耕剪枝，除去病果、病叶；采用地膜覆盖，增施磷钾肥等。

（2）在丝瓜疫病发病初期喷洒药剂防治，药剂可用 40%三乙膦酸铝 200 倍液，或 75%百菌清 500 倍液，或 72%霜脲锰锌可湿性粉剂 800~1 000 倍液，或 69%烟酰·锰锌 900 倍液，隔 7 天喷 1 次，防治 2~3 次。

(四) 苗期猝倒病

苗期猝倒病是蔬菜苗期的主要病害,可危害多种蔬菜幼苗。

1. 症状识别　主要在幼苗长出 1～2 片真叶,抗病性较弱时发病。先在茎基部出现水渍状斑块,之后病变部变为黄褐色,干瘪后萎缩成线状,一般子叶尚未凋萎,幼苗突然猝倒。湿度高时,白色棉絮状菌丝在病株附近生长。幼苗长出 3～4 片真叶后,茎部逐渐木质化,病害明显减轻。

2. 传播途径和发病条件　猝倒病为土传病害,病菌通过灌溉水或雨水溅射到幼苗根部致病。育苗期温度 20℃ 左右及高温条件有利于病害的发生。

3. 防治方法

(1) 床土消毒。苗床土应选用无病菌的新土并进行土壤消毒处理,即每平方米苗床施用 58% 甲霜·锰锌 5～7 克混合 4～5 千克细土拌匀。施药前先将苗床底水打足,深度一般为 20 厘米,将 1/3 拌匀的药土撒在畦面上,播种后将剩余 2/3 土盖在种子上面,使种子埋在土壤中间,防治效果好。

(2) 出苗后用 50% 福美双 1 000 倍液或 58% 甲霜·锰锌 1 500 倍液防治。

(3) 注意加强苗床管理,及时通风降温,防止瓜苗徒长,培育壮苗。

(五) 褐斑病

丝瓜褐斑病又称丝瓜叶斑病、丝瓜白星病,是丝瓜的一种重要病害。

1. 症状识别　丝瓜褐斑病主要侵染叶片部分。病斑呈圆形或长形至不规则形,褐色至灰褐色。病斑边缘有时出现褪绿色至黄色晕圈,少见霉层。在早晨日出或晚上日落时,病斑上可以看到银灰色的光泽。

2. 传播途径和发病条件

（1）丝瓜褐斑病病原菌在土壤中的病残体上越冬。病原菌借气流传播蔓延，通过分生孢子进行原发侵染和继发侵染。

（2）温暖高湿的环境发病重；连作地、偏施氮肥发病严重。

3. 防治方法

（1）清整田地，做好田地开沟排水工作，防止积水。

（2）在丝瓜褐斑病发病初期通过喷洒药剂进行防治，药剂可用47％春雷·王铜可湿性粉剂 600 倍液，或 1∶1∶240 波尔多液，或64％噁霜·锰锌可湿性粉剂 500 倍液，或 50％多菌灵可湿性粉剂，或 75％百菌清可湿性粉剂 500 倍液，每 10 天喷 1 次，连续喷 1～2 次。

（六）蔓枯病

由子囊菌亚门甜瓜球腔属真菌侵染引起的一种真菌病害。病原菌附着在种子上、病残体上越冬，也可在架材上越冬。病原菌通过风雨和田间作业传播。高温多雨时发病严重。此外，种植过于密集、通风不良、湿度过大、浇水过多、连作、氮肥过多等情况下，病害发生更为严重。

1. 症状识别 主要危害叶片和茎部。叶片被侵染时，病斑近圆形，有时呈半圆形或 V 形，淡褐色至黄褐色，病斑上有许多小黑点。茎部被侵染时，在近节部呈油渍状斑，椭圆形或梭形，灰白色，轻微凹陷，分泌出琥珀色的胶状液体，干燥时呈红褐色，病变部皱缩纵向开裂，表面散生有大量小黑点，在严重的情况下，茎蔓腐烂。

2. 传播途径和发病条件 病原菌通过菌丝体或分生孢子附着在土壤中的病残体上越冬，分生孢子也可以附着在种子上越冬。病原菌以分生孢子进行原发侵染和继发侵染。原发侵染菌源靠雨水溅落传播，田间发病后的分生孢子借风、雨及田间作业传播。分生孢子萌发产生芽管，通过植株气孔、水孔或伤口侵入，经 7～8 天潜伏期后发病。病原菌喜温暖潮湿的条件，温度为 20～25℃，相对湿度在 85％以上、土壤湿度大时，易发生病害。

3. 防治方法

（1）使用健康无病株上采收的种子。一般可用清水冲洗或用 50℃温汤浸种 20 分钟后进行种子消毒。

（2）重病地块应轮作非瓜类蔬菜 2 年以上。

（3）种植密度不宜过大，及时整枝挂蔓，改善植株间的通风透光条件。

（4）施用充足的腐熟有机肥，适时追肥，防止植株早衰。避免氮肥施用过多，增加磷钾肥的使用量，合理灌溉，雨后及时排水；收获后将田间的病残体彻底清除，然后进行深翻；一旦发现病株要及时拔除并深埋，以减少田间菌源。

（5）化学防治发病初期，可用 75％百菌清 500 倍液，或 50％多菌灵 500 倍液，或 70％代森锌 400 倍液，上述任意一种药物每 3～4 天喷 1 次，连续喷施 2～3 次。

（七）病毒病

病毒病是丝瓜的重要病害，一旦发生往往造成大面积减产，甚至绝收。

1. 症状识别　丝瓜幼叶感病时呈现浓淡不均、不平整的泡状病斑，叶片细小，部分叶片明显皱缩。成叶感病时表现为黄色环斑或黄绿相间花叶（彩图 5），发病严重的叶片变硬、发脆，叶缘缺刻加深。病株生长缓慢，结果力差，果实小或扭曲。

2. 传播途径和发病条件

（1）品种间病害状况差异明显。早熟丝瓜品种，病情最重；中熟品种，病情较温和；晚熟品种，病情最轻。

（2）气候因素。当冬季气温偏高时，蚜虫越冬后的基数大，迁入田地的时间早，因此病毒病发病早且严重，从而迅速大流行。

（3）栽培因素。在沙壤土种植时，由于线虫的传毒，病毒病发病比在黏土地更为严重。苗期上架之前，过量偏施氮肥，发病程度加重。

3. 防治方法

（1）种子消毒。播种前用 0.5％肥皂水或 0.1％磷酸二氢钠溶液浸泡种子 24 小时，或用 60～62℃的温水浸泡 10 分钟，后转入冷水中冷却，晾干后播种；也可以用 10％磷酸钠溶液浸泡 20 分钟后，再用清水冲洗干净，催芽播种。

（2）农业防治。大棚丝瓜应选用植株长势强、抗旱性强、适应性强的品种，主要有长线丝瓜、白玉霜丝瓜、济南棱丝瓜、广乐八棱丝瓜、夏棠 1 号等品种。避免偏施氮肥，防止瓜苗贪青发病。有条件的地方在露水未干前用草木灰叶面撒施 30～40 千克/亩，可使病毒失毒。选择土质黏重的地块栽种丝瓜，可以避免线虫的传播，减轻病毒病的发生。同时不与黄瓜、甜瓜等瓜类蔬菜混种，也不要在以前种过瓜类的田块种植丝瓜。适当早播或晚播，避开苗期蚜虫迁飞高峰期。培育壮苗，适时定植，在当地晚霜过后，即应定植，保护区可适当提早种植。

（3）化学防治。从苗期开始，就要注意及时防治蚜虫和线虫。从发病早期开始，每 7 天喷施 1 次 20％盐酸吗啉胍·铜 600 倍液，或用 5％氨基酸类内吸性杀菌剂（菌毒清）水剂 500 倍液，或用 20％氨基酸类内吸性杀菌剂、霜霉威水剂 800 倍液喷雾，连续喷 3 次以上。喷洒后，如遇下雨，需抢晴补喷。

（八）炭疽病

由半知菌亚门刺盘孢属真菌侵染引起的一种真菌性病害。病原菌以菌丝体和拟菌核在病株残体或土壤里越冬，也可附着在种子表皮的黏膜上越冬。

1. 症状识别 主要危害叶片、叶柄、茎蔓及果实。生育期内从苗期至成株期均可发生。叶片病斑近圆形，边缘界限不明晰，黑褐色，具轮纹状。后期病斑常扩散成不规则形状。叶柄、茎蔓病斑呈黄褐色，椭圆或近圆形，稍凹陷。果实病斑最初呈水渍状，圆形或不规则形，凹陷；湿度大时，各发病部位可溢出近粉红色黏液。

2. 传播途径和发病条件 病原菌孢子萌发的适宜温度为22～27℃，病原菌生长的适宜温度为24℃，高于30℃和低于10℃时停止生长。同时发病要求较高的空气湿度，当湿度高达87％～95％时发病迅速，湿度小于54％时不能发病。此外，在排水不畅、地势低洼、密度过大、氮肥过多、通风不良、过度灌溉、连作重茬的情况下病害严重。

3. 防治方法

（1）可根据适应性选择使用无菌抗病品种种子。将种子放在50～51℃的温水浸泡15～20分钟，以消灭种子上可能携带的病菌。

（2）提高土壤渗透性，加强排水灌溉管理；大棚加强通风排湿，减少叶面结露和吐水；田间作业在露水干后进行。采用高畦、覆膜栽培，并与非瓜类作物进行轮作至少3年以上。充分施用基肥，并增加磷钾肥的施用。

（3）及时清除田间的病株残茬，对病株残茬或作物残茬进行专池堆放处理。

（九）枯萎病

丝瓜枯萎病的病原菌为尖镰孢菌。在丝瓜整个生育期均可发病，发病期多为开花期、抽蔓期至结果期。幼苗发病时，未出土即腐烂，或出土不久后顶端出现失水现象，子叶萎蔫下垂，茎基部变褐色皱缩，发生猝倒死亡（彩图6）。

1. 症状识别 苗期发病，子叶先变黄萎蔫，然后整株干枯死亡，茎部或茎基部褐变皱缩成立枯状。成株发病主要发生在开花结瓜后，前期表现为中午时部分叶片或植株的一侧叶片似缺水状萎蔫下垂，但萎蔫叶早晚恢复，之后萎蔫叶片逐渐增多，导致整株干枯死亡。主蔓基部纵裂，病茎纵切时可见维管束褐变。湿度高时，病害部位出现白色或粉红色霉状物，即病原菌子实体。有时病害部会溢出少量琥珀色胶质物。

2. 传播途径和发病条件 丝瓜枯萎病的病茎百分之百携带病菌，种子也带菌。该病以病茎、种子或病残体上的菌丝体和厚垣孢子，以及菌核在未腐熟的带菌有机肥和土壤中越冬，成为翌年的初侵染源。在土壤中病原菌通过根部伤口或根毛顶端细胞间侵入，随后进入维管束，在导管中发育，并通过导管从病茎扩展到果梗，再到果实，随着果实的腐烂再扩散到种子，造成种子带菌。生产中播种带病菌的种子，出芽后即可染病；在维管束中繁殖的大小分生孢子堵塞导管，分泌毒素，引起寄主中毒，使叶片迅速萎蔫。地上部的重复侵染主要是病菌通过整枝绑蔓引起的伤口侵入而发生。该病发生严重程度主要取决于当年感染量。高温有利于该病的发生和扩散，空气相对湿度在90%以上易感病。病原菌发育和侵染最适温度为24～25℃，最高温度34℃，最低温度4℃；土壤温度为15℃时潜育期为15天，20℃时9～10天，而25～30℃时4～6天，pH4.5～6时容易发病。结果表明：苗龄老化、连作、施用未腐熟有机肥、过分干旱的土壤或质地黏重的酸性土是造成该病害的主要原因。

3. 防治方法

（1）选用抗（耐）病品种和早熟品种。

（2）与非瓜类作物轮作5年以上。

（3）施用酵素菌沤制的堆肥或充分腐熟的有机肥，可降低枯萎病发生。酸性土壤宜施消石灰，按100～150千克/亩的用量将土壤pH调至中性。

（4）种子消毒或包衣。①浸种。可将种子用40％福尔马林150倍液浸泡30分钟，捞出后用清水冲洗干净再进行催芽播种；也可用50％甲基硫菌灵或多菌灵可湿性粉剂浸种30～40分钟。②拌种。用种子重量0.2％～0.3％的40％双粉剂拌种或50％多菌灵可湿性粉剂拌种。③种子包衣。用0.3％～0.5％的9号或10号种衣剂进行包衣。

（5）采用营养钵育苗，移栽时用双多悬浮剂（西瓜重茬剂）300～350倍液灌穴，每穴0.5千克，用药1千克/亩；对直播的丝瓜在长出5～6片真叶时分别灌双多悬浮剂600～700倍液，每穴灌兑好的药液0.5千克，每亩1千克，两次给药。

（6）坐瓜后发病前或发病初期，除使用上述药剂外，还可选用10％混合氨基酸铜水剂200倍液、50％苯菌灵可湿性粉剂1 500倍液、60％琥铜·乙膦铝可湿性粉剂350倍液灌根，每株灌兑好的药液100毫升，隔10天再灌1次，连续防治2～3次。对枯萎病一定要早防早治，否则效果不明显。此外，在定植后开始喷洒细胞分裂素500～600倍液，隔7～10天喷1次，共喷3～4次，可显著提高抗性。

（7）丝瓜枯萎病发生严重的地区或田块，建议选用云南黑籽南瓜或南砧1号作砧木，用适宜当地的优良丝瓜品种作接穗进行嫁接，嫁接苗对枯萎病防治效果可达90％以上。采用靠接或插接法，嫁接后置于塑料棚中保温保湿，白天温度控制在28℃，夜间控温15℃，空气相对湿度90％左右，半个月成活后，再转为正常管理。

（十）细菌性角斑病

1. 症状识别 主要危害叶、叶柄、茎、卷须及果实（彩图7）。叶片侵染初期出现透明状小斑点，扩大后形成黄色晕圈的灰褐色病斑，中央变褐或呈灰白色穿孔破裂，湿度大时病部分泌乳白色细菌脓液。茎和果实染病时先呈水渍状，后溢出白色菌脓，干燥时变为灰色，形成溃疡。

2. 传播途径和发病条件　病原菌在种子内外或随病残体在土壤中越冬，并在翌年初成为侵染源。病菌从叶片、果实伤口或自然孔口侵入，进入胚乳组织或胚幼根的外皮层，造成种子内带菌。此外，采种时种子接触污染的病瓜致种子外带菌。病原可在种子内存活 1 年，土壤中病残体上的病原菌可存活 3～4 个月，生产上如播种带菌种子，出苗后子叶发病，病菌在细胞内繁殖，丝瓜病变部流出的菌脓，通过雨珠或露珠及叶缘吐水滴落、飞溅传播扩散，进行反复侵染。露地丝瓜蹲苗结束后，随着雨季到来和田间浇水的开始，病害开始出现，病原菌随气流或雨水逐渐扩展，并持续到结瓜盛期，后随气温的下降，病害有所减缓。发病的限温为 10～30℃，适温为 24～28℃，空气相对湿度 70％以上易发病，且病斑大小与湿度条件相关：夜间饱和湿度持续时间大于 6 小时，叶片上病斑大且典型；湿度低于 85％或饱和湿度持续时间不足 3 小时，病斑小；昼夜温差大，结露重且持续时间长，发病重。在田间浇水次日，叶背出现大量水渍状病斑或菌脓。有时仅少量菌源就能引起该病害的发生和流行。

3. 防治方法

（1）选用夏棠 1 号、天河夏丝瓜等抗角斑病品种。

（2）从健康株上选留种。瓜种可 70℃恒温干热灭菌 72 小时或 50℃温水浸种 20 分钟，捞出晾干后进行催芽播种；还可用次氯酸钙 300 倍液浸种 30～60 分钟或用 40％福尔马林 150 倍液浸种 1.5 小时，冲洗干净后进行催芽播种。

（3）使用无病土育苗，与非瓜类作物轮作 2 年以上，加强田间管理，生长期及收获期后清除病叶，及时深埋。

（4）保护地丝瓜重点以生态防治为主，须用药时可用粉尘法：喷撒 10％乙滴粉尘剂或 5％百菌清，用量为 1 千克/亩。

（5）施用 VA 菌根 *Glomus macrocarpum* 减轻丝瓜细菌性角斑

病的发生。

（十一）根结线虫病

丝瓜被根结线虫侵染后，植株地上部生长缓慢，影响生长发育。

1. 症状识别　植株发黄矮小，气候干燥或中午前后地上部萎蔫，拔出病株时，可见根部长出大小不等的瘤状物或根结（彩图8），而剖开根结可见其内生有许多白色梨状的细小雌虫，即根结线虫。

2. 传播途径和发病条件　根结线虫多生活在5～30厘米土壤深处，以卵或2龄幼虫随病残体遗留在土壤中越冬。病土、病苗及灌溉水是主要的传播途径。雨季有利于线虫孵化和侵染，但在干燥或过湿土壤中，其活动受到抑制。在棚内，经过几年的单一种植，抗性下降，根结线虫积累。适宜的土壤湿度适合蔬菜作物生长，也适于根结线虫活动，在沙性土壤上危害常较重；pH 4～8的土壤环境有利于病害的发生。

3. 防治方法

（1）丝瓜最好与禾本科作物、葱蒜类作物轮作2～3年，能起到一定防治效果。

（2）丝瓜根结线虫病于土壤深度5～30厘米处发生最多，可翻耕晒杀线虫。

（3）在丝瓜定植前灌透水，淹杀土中线虫。

（4）一旦发现发病株，彻底挖除病残体，集中烧毁，用石灰对病坑进行消毒。

（5）用50％辛硫磷颗粒剂2～2.5千克/亩，混用细土30～50千克沟施或穴施。或用1.8％阿维菌素乳油27～30毫升，兑水适量，拌细土20～30千克，匀撒地表，浅耕10厘米，有效期可达60天。或用10％苯线磷颗粒剂2.5～3千克，定植和生长期穴施、沟施，亦可在灌水后施用。在丝瓜生长期防治，可对病株用70％

辛硫磷乳油 1 000～1 500 倍液灌根，每 7～10 天喷 1 次，每次灌 2～3 次，每株可用 300～500 毫升药液灌溉。

二、主要虫害识别及防治技术

（一）美洲斑潜蝇

1. 形态特征 成虫体长 1.5～2.5 毫米，中胸背板亮黑色，头部，包括触角和颜面为鲜黄色，复眼后缘黑色，外顶鬃着生处黑褐色，触角第三节小圆，有明显小丛毛。卵长 0.2～0.3 毫米、宽 0.1～0.15 毫米，椭圆形。1 龄幼虫几乎透明，2 龄幼虫黄色至橙黄色，3 龄老熟幼虫体长约 3 毫米，是 2 龄的 4～5 倍，体色呈黄白或鲜黄色。

2. 发生规律及为害特点 此虫喜暖怕冷，对温度变化较为敏感，最适生长发育温度 29～30℃，30℃以上死亡概率增加。以夏秋季危害最重，冬春季较轻。成虫、幼虫均可为害，成虫刺伤叶片而取食汁液并产卵其中，卵孵化后，幼虫在叶片内潜食叶肉，形成迂回曲折的隧道，严重时全叶叶肉被取食殆尽，残留上下表皮呈银灰状（彩图 9）。

3. 防治方法

（1）农业防治。收获后及时清除田间杂草和残枝枯叶，及早摘除病叶，将病叶深埋于田外或集中烧毁。与抗虫作物套种，美洲斑潜蝇对苦瓜、苋菜危害较轻，可与这些作物套种，减轻危害。

（2）生物防治。美洲斑潜蝇寄生蜂种类较多，一般情况寄生率可达 20% 左右；不施药时，寄生率更高，从国外引进的寄生蜂已经能够在室内扩繁，在保护地内进行防治。

（3）药剂防治。可用 1.8% 阿维菌素乳油 3 000 倍液，或 20% 氰戊菊酯乳油 20 倍液，或 40% 氰戊·马拉松乳油 2 000～3 000 倍液，或 2.5% 氯氟氰菊酯 1 000 倍液喷雾防治。

(二) 蚜虫

1. 形态特征 一般无翅成蚜的体长为 1.5～1.9 毫米，体色夏季多为黄色，春秋季节多为蓝绿色或蓝黑色，表面有蜡粉覆盖；有翅成虫的体长为 1.2～1.9 毫米，体色为黄色或淡绿色，腹部背面两侧有 3～4 对黑斑，有的还带有 2～3 条黑色间断横带。卵为椭圆形，颜色为橙黄色至深褐色，并有光泽。

2. 发生规律及危害特点 蚜虫以刺吸式口器从植物中吸收大量汁液，导致叶片卷曲，花蕾不能开放，植株矮小、提前老化、早衰。蚜虫能携带病毒，再从刺吸伤口侵入植物，造成二次侵染危害；蚜虫刺吸过多的植株汁液排出体外，招引蚂蚁，感染霉菌，诱发煤污病（彩图 10）。

3. 防治方法

（1）农业防治。冬季仔细清园，春季及时铲除杂草，喷洒农药消灭越冬寄主上的蚜虫，减少虫源。

（2）物理防治。蚜虫喜欢黄色，可采用黄色粘虫板诱杀；银灰色对蚜虫有驱避作用，田间可挂上银灰色塑料条或铺银灰色地膜驱避蚜虫。

（3）生物防治。利用天敌和生物杀虫剂等控制蚜虫种群数量。如用捕食性瓢虫、草蛉、蜘蛛、蚜茧蜂、食虫蝽类等，或每亩用 2 000IU/克苏云金杆菌（Bt）乳剂 150 毫升兑水 40～50 千克，或 1%苦参碱可溶液剂 1 000～1 500 倍液防治蚜虫。

（4）化学防治。可用 10%吡虫啉可湿性粉剂 1 500 倍液，或 3%啶虫脒微乳剂 1 000 倍液喷雾，药剂交替使用，每隔 6～7 天喷施 1 次，连续喷施 2～3 次。

(三) 红蜘蛛

1. 形态特征 蜱螨目叶螨科节肢动物。根据初步观察发现，危害植物的红蜘蛛属于叶螨总科，主要有全爪螨、朱砂叶螨、果苔螨、针叶小爪螨、短须螨等。螨类个体较小，一般体长不到 1 毫米，若螨可在 0.2 毫米以下，有足 4 对，体侧有明显的块状色素；越冬代若螨红色，非越冬代若螨黄色，体两侧有黑斑。

幼螨近圆形，有足 3 对；越冬代幼螨红色，非越冬代幼螨黄色。成螨体形为圆形或长圆形，多半为红色或暗红色；越冬螨橙红色，卵球形，直径为 0.1~0.2 毫米。红蜘蛛成虫体长 0.42~0.52毫米，体色变化大，雌成虫卵圆形，体背隆起，有细皱纹，有刚毛；雌虫有越冬型和非越冬型之分，越冬型雌虫呈鲜红色，非越冬型雌虫呈暗红色；雄成虫体型较小，卵圆球形，半透明，有光泽，橙红色。

2. 发生规律及危害特点　红蜘蛛主要以卵或受精雌成螨在落叶、植物枝干裂缝以及根周围浅土层土缝等处越冬。翌年春天气温回升，植物开始发芽生长时，越冬雌成螨开始活动危害。植株展叶以后转到叶片上危害，先在叶片背面近叶脉处刺吸汁液（彩图11）。发生量大时，在植株表面拉丝爬行，借风传播。一般情况下，在 5月中旬达到盛发期，尤其 6 月下旬至 7 月上旬危害最为严重，7—8月是全年的发生高峰期。严重时植株叶片枯黄泛白。

红蜘蛛繁殖力强，1 年发生 13 代，以卵越冬。越冬卵一般在 3月初开始孵化，4 月初全部孵化完毕。因此，每年 3—4 月开始危害，6—7 月危害严重，10 月中下旬开始进入越冬期。在 4 月底以后，对植株要经常观察检查，在气温高、湿度大、通风不良的情况下，红蜘蛛繁殖极快，可造成丝瓜严重损失。

越冬代雌成螨出现时间早晚，与寄主本身营养状况好坏密切相关。寄主受害越重，营养状况越坏，越冬螨出现得越早。

3. 防治方法

（1）农业防治。根据红蜘蛛越冬卵孵化规律和孵化后首先在杂草上取食繁殖的习性，早春进行翻地，清除地面杂草，保持越冬卵孵化期间田间没有杂草，使红蜘蛛因找不到食物而死亡。

（2）生物防治。保护和增加天敌数量可控制红蜘蛛的种群数量。一般可使用草蛉、食螨瓢虫、捕食螨等叶螨的天敌来进行防治，但要注意其繁殖速度，以免造成另一种生物危害。

（3）化学防治。可用40%三氯杀螨醇乳油1 000～1 500倍液，或20%四螨嗪可湿性粉剂2 000倍液，或15%哒螨灵乳油2 000倍液，或1.8%阿维菌素乳油6 000～8 000倍液等进行防治。

（四）瓜绢螟

1. 形态特征　鳞翅目螟蛾科绢野螟属。成虫体长11～15毫米，翅展24～26毫米，头部及胸部浓墨褐色，腹部白色。前翅白色略半透明，有金属紫光；翅的前缘、后缘及外缘均为黑色，形成一圈黑色宽带包围整个翅面。卵椭圆形，长0.5毫米、宽0.3毫米；稍扁平，淡黄色，表面有龟甲状网纹。老熟幼虫体长23～26毫米，头部、前胸背板淡褐色，胸腹部草绿色，体背有两条白线，亚背线和气门上线有暗褐色条斑。蛹长约14毫米，绿色，背面有黑褐色斑纹。

2. 发生规律及危害特点　1年发生4～5代。以老熟幼虫或蛹在枯叶或表土越冬，翌年4月底成虫羽化，5月平均气温高于15℃幼虫危害，7—10月气温22～34℃时发生数量多，世代重叠。成虫夜间活动，稍有趋光性。卵产在寄主叶片背面，散产或几粒在一起，每头雌蛾可产卵300～400粒。以幼虫危害植株叶部，初龄幼虫先在叶背取食叶肉，被害叶片呈现出灰白色斑；3龄后的幼虫吐丝将叶片或嫩梢缀合，匿居其中取食，致使叶片穿孔或缺刻，严重时仅留叶脉，常蛀入瓜条啃食瓜肉，影响丝瓜产量和品质（彩图12）。卵期5～7天，幼虫期9～16天，4龄幼虫为老熟幼虫，蛹期6～9天，成虫寿命6～14天。

3. 防治方法

（1）人工防治。在幼虫发生期，进行人工捕杀、摘除卷叶、深埋。

（2）物理防治。提倡采用防虫网，阻止瓜绢螟成虫侵入产卵，减少其种群数，并兼治黄守瓜等害虫；及时清理瓜地，消灭隐匿在残枝落叶中的虫、蛹；幼虫发生初期，及时摘除卷叶，以消灭隐藏的幼虫。

（3）生物防治。有条件的蔬菜园区，提倡采集、保护、饲养、释放螟黄赤眼蜂，以天敌控制瓜绢螟发生与危害。

（4）药物防治。1～2龄初龄幼虫期，可喷施1％甲氨基阿维菌素苯甲酸盐乳油1 000倍液、5％甲氨基阿维菌素苯甲酸盐水分散粒剂1 500～2 000倍液、5.7％甲氨基阿维菌素苯甲酸盐微乳剂1 000～1 500倍液、16％虫肼·茚虫威（8％茚虫威＋8％虫酰肼）乳油600～800倍液，或5％氯虫苯甲酰胺悬浮剂1 000倍液，7～10天喷1次，连用3次，药液重点喷在丝瓜植株上部的嫩叶和嫩梢上。

（五）蓟马

1. 形态特征　缨翅目蓟马科小型昆虫。体微小，体长0.5～2毫米，很少超过7毫米。成虫体黄色，前胸后缘有缘鬃，翅细长透明，周缘有许多细长毛。卵长椭圆形，初产时白色，略透明，后期橙红色。若虫体淡黄色，老熟时带桃红色。蓟马头略呈后口式，口器锉吸式，能锉破植物表皮，吸吮汁液；触角5～9节，线状，略呈念珠状，一些节上有感觉器；下颚须2～3节，下唇须2节；翅狭长，端部较窄尖，常略弯曲，有2根或者1根纵脉，少缺，横脉常退化；足的末端有泡状的中垫，爪退化；雌性腹部末端圆锥形、腹面有锯齿状产卵器，或呈圆柱形、无产卵器。

2. 发生规律及危害特点　蓟马一年四季均有发生，春、夏、秋三季主要发生在露地，冬季主要在设施中危害蔬菜。1年繁殖17

～20代，多以成虫潜伏在土块、土壤夹缝间或枯枝落叶间越冬，少数以若虫在表土越冬。成虫具有向上、喜嫩绿的习性，且特别活跃，能飞善跳，但畏强光，白天多隐蔽在叶背或生长点，傍晚活动很强。以成虫和若虫锉吸心叶、嫩叶和花的汁液，被害植株心叶不能张开，生长点萎缩，嫩叶扭曲，植株生长缓慢，节间缩短。温度25～30℃、土壤含水量8%～18%时，最有利于其生长发育，温度骤降会引起死亡。

蓟马以成虫和若虫锉吸植株幼嫩组织（枝梢、叶片、花、果实等）汁液，被害植株生长缓慢，嫩叶、嫩梢变硬卷曲、枯萎，节间缩短；丝瓜幼嫩果实被害后会硬化，严重时造成落果，严重影响产量和品质（彩图13）。

3. 防治方法

（1）农业防治。早春清除田间的杂草和枯枝残叶，进行深埋或集中烧毁，消灭越冬成虫和若虫。同时，加强植株肥水管理，促使植株生长健壮，减轻危害。

（2）物理防治。蓟马有趋蓝性，可以利用这一特点，在植株旁边悬挂一些蓝色粘虫板诱杀成虫，一般每亩悬挂18～20张。

（3）生物防治。保护天敌，食蚜蝇、瓢虫、草蛉等可以对蓟马起到制衡的作用，且不会伤害到植株本身。

（4）药物防治。可用10%吡虫啉可湿性粉剂1 000倍液，加5%溴虫氰菊酯乳油1 000倍液喷雾，每隔6～7天喷施1次，连续喷施2～3次。蓟马比较怕光，昼伏夜出，因此最好在傍晚打药，喷药时注意喷匀喷细。

（六）瓜实蝇

1. 形态特征 成虫体长8～9毫米，翅展15毫米，体形似蜂，黄褐色，前胸左右及中、后胸有黄色的纵带纹，翅膜质透明，杂有暗褐色斑纹。腹部第1、2节背板全为淡黄色或棕色，无黑斑带，

第 3 节基部有 1 黑色狭带，第 4 节起有黑色纵带纹，末端具产卵管，卵细长形，长约 0.8 毫米，端稍尖乳白。老熟幼虫体长 10 毫米左右，蛆状，乳白色。蛹长约 5 毫米，圆筒形，黄褐色。

2. 发生规律及为害特点　越冬的成虫翌年 4 月开始活动产卵。以产卵管刺入幼瓜表皮内产卵，孵化后的幼虫即钻入瓜内取食，受害瓜条先局部变黄，而后全瓜腐烂变臭，充满虫粪，大量落瓜。即使不腐烂，刺伤处凝结着流胶，导致瓜条畸形下陷、瓜皮硬实、瓜味苦涩，失去食用性和商品价值（彩图 14）。

3. 防治方法

（1）农业防治。将田园清理干净并仔细检查，如果发现烂瓜需要及时摘除，同时还需及时收集落地烂瓜并集中处理（喷药或深埋），减少虫源，减轻瓜实蝇带来的危害；在瓜实蝇发生严重的地区，可在瓜果刚谢花、花瓣萎缩时进行套袋护瓜。

（2）物理防治。在规模种植瓜类作物时，可在田间增挂黄色粘虫板或者安装频振式杀虫灯进行诱杀。

（3）化学防治。一般可在成虫盛发期选择 21％氰戊·马拉松乳油 4 000～5 000 倍液、2.5％溴氰菊酯 2 000～3 000 倍液等药剂进行喷施，可在中午或傍晚喷施，通常隔 3～5 天喷 1 次，连喷 2～3 次；也可在幼瓜期时，用 40％毒死蜱乳油 1 000 倍液喷雾防治。

第八章 丝瓜采收、贮藏
保鲜与运输

一、丝瓜采收

1. 采收时间 丝瓜采收季节以夏秋两季为主，一般为 7—11 月，不同的品种和不同的地理环境，丝瓜成熟上市季节也会有所区别，大部分就在夏秋两季。

丝瓜是以嫩瓜为食的，所以采收宜早不宜迟，采收过晚，瓜条内部纤维迅速增加，种子变硬，影响食用。采收丝瓜的时间与品种类型、播种期时间、栽培温度和管理技术等有关。一般来说，丝瓜从定植到采收 50～60 天。从雌花开放到采收嫩瓜需 7～10 天，温度高时 8 天左右就可采收，温度低时可达 10 天以上。棱角瓜更易老化，一般采收期比普通丝瓜要短 1～2 天。

2. 采收标准 丝瓜的具体采收标准因不同的品种而异，一般当果实发育 7～10 天，果梗变得光滑，瓜皮颜色变为深绿色，果面茸毛减少，用手触果面有柔软感时即为采收适期。在肥水不足时，果易老，可早采收，否则，可推迟采收。

3. 采收注意事项

（1）注意采收天气。露地丝瓜不能冒雨或在早上露水大时采收，在雨天采收不利于丝瓜蒂的伤口愈合，有可能加速病虫危害，一般以晴天采收为主。当然也不要在高温和暴晒时采收。

（2）丝瓜采收前 3 天要停止浇水。针对供应外地市场的丝瓜，在采收前 3 天丝瓜地要停止浇水，可以减少丝瓜水分含量，进而减轻丝瓜在长途运输中的腐烂，提高丝瓜的耐贮性，延长丝瓜采收后的保鲜期。

（3）丝瓜种采收。丝瓜种的采收，可在花后 60 天左右，瓜皮变为黄褐色，果实变轻，种子变黑，果实充分老熟甚至干燥后进行采收。收后稍晾干，剥去外皮，敲出种子，用漂白粉浸泡 1～2 小时，然后用清水洗净晒干即可。

二、贮藏保鲜

1. 采收及贮前处理　用于贮藏的丝瓜，应选择生长健壮、充分老熟、皮色转黄的瓜。采收前 10 天停止浇水，并选择连续晴天的早晨进行采收。采收时尽量不要损伤瓜的皮面，采摘时要用剪刀剪留 3～5 厘米的果柄。在运输过程中要轻拿轻放，以防损伤瓜皮。采收后应在阳光下晾晒 2～3 天，然后在 24～27℃下放置 15 天左右，以促进果皮硬化和皮色转黄，有利于贮藏，这对于成熟度较低的瓜尤为重要，且低温贮藏和运输前应进行预冷处理。运输过程中应注意防冻、防雨淋、防晒，并确保通风散热。

2. 贮藏保鲜方法　不同的丝瓜品种耐贮藏程度不同，因此贮藏方法会有所不同。

低温贮运保鲜，选择无机械伤害、成熟适度的丝瓜用于贮藏运输。贮藏前，应按品种、大小规格分别包装。无棱丝瓜适宜的贮运温度为 8～10℃，在此条件下可贮藏 10～14 天；有棱丝瓜冷藏适温为 3～5℃，在此温度下可贮藏 4～6 周。丝瓜贮藏运输适宜的相对湿度为 90%～95%。堆码时，应保证气流均匀通畅，避免挤压。

3. 注意事项

（1）丝瓜在采摘时尽量使用人工采摘，有效避免机械损伤，不要在阴雨天进行采收，选择晴天采收。

（2）丝瓜进入冷库前需要进行预冷处理，防止因为直接进入冷库而引起库温升高，减少丝瓜冻伤的发生。冷库库房消毒时，丝瓜入冷库前需将丝瓜彻底清洗干净，在冷库内使用熏蒸处理。

（3）贮藏期间要注意通风换气，排出丝瓜保鲜冷库内有害气体。

（4）丝瓜还可以通过气调冷库进行保鲜，并且储存的时间要比保鲜冷库储存得久，但是由于气调冷库的造价要比保鲜冷库高，所以一般储存规模大时可以使用气调冷库进行保鲜，而量少时建议使用保鲜冷库储存。

三、运　输

丝瓜运输流通除考虑与贮藏相同的温度、湿度、气体条件外，还要考虑运输过程的振动以及包装和堆码。

1. 温度　温度是保证流通蔬菜质量的基础，尤其对于远距离、长时间运输的丝瓜，保持流通中的适宜温度更为重要。

预冷和低温流通是现代蔬菜流通提出的温度要求，产地预冷是流通冷链的开始，产地预冷可使丝瓜采后很快进入利于保鲜的适宜温度，除去大量田间热和呼吸热，并可大大降低对运输工具制冷量的要求，降低运输成本。采用低温流通对保持丝瓜的鲜度和品质以及降低运输损耗是十分重要的。短距离流通的丝瓜对温度要求可稍微放宽一些，运输时间超过 3 天的，要与低温贮藏的适温相同，即10～13℃。

在常温运输中，不论何种运输工具，其货箱和蔬菜的温度都受环境温度的影响，尤其是盛夏和严冬的温度对流通蔬菜质量的影响更为突出。

2. 湿度　丝瓜适宜保鲜的湿度在 90％～95％。在运输过程中，因其包装方式、方法、材料、运输条件等不相同，其环境湿度有较大的差异。因此，在丝瓜运输过程中要采取有效方法提高环境湿度，减少失水萎蔫。常用的方法有如下两种。

（1）采用具有保湿作用的包装箱。常在纸箱的制作中加入防水保湿材料。采用此种纸箱包装时，纸箱密封不要太严，要有一定通气面积以调节箱内温度和气体。此方法包装箱成本较高，因此出口蔬菜较多采用此方法。

（2）在包装容器内部衬垫塑料薄膜。做衬垫的薄膜厚度一般0.01～0.03毫米。此种做法对保持丝瓜水分的效果很好，但薄膜在保水的同时也留住了气体，并且丝瓜的热量也难以扩散，因此最好是预冷以后的丝瓜再使用塑料薄膜做衬垫，或是在气温和菜温均较低的季节使用。同时要依据丝瓜的具体情况，丝瓜上部薄膜不要密封过严，要留出适量缝隙，使其通气、散热。

3. 气体　除气调运输外，丝瓜在运输过程中由于自身呼吸代谢和包装容器材料、性能的不同，容器内气体成分也会有相应的变化。为防止气体过分积累对丝瓜产生伤害和氧气含量的过分下降造成蔬菜无氧呼吸，要注意适量通风，尤其是采用防水保湿包装箱，或是用塑料薄膜做衬垫、做包装的。高温季节常温运输时更要注意。

4. 包装　丝瓜运输包装要求有以下两点。

（1）包装容器易于搬运。单件包装不宜过大，一般20千克左右；包装容器要有搬运把手。

（2）包装容器要有一定的强度，且对运输过程的振动具有缓冲作用，减轻振动对蔬菜的影响。瓦楞纸箱的缓冲作用较好，纸箱易吸湿降低强度，采用防水纸箱较好。

丝瓜易产生机械损伤，可在包装容器内垫一些包装纸或碎纸屑，还可用包装纸、聚苯乙烯网套单体包装；还有在包装箱内用纸板做成间隔，都可对运输丝瓜起到保护作用。包装中的衬垫及填充包装材料要求柔软、质轻、清洁卫生。

5. 堆码与装卸　运输装车方法是否正确，直接关系到丝瓜运输成功与否。装车方法能直接影响蔬菜运输中的机械损伤、运输中蔬菜环境的温度和气体条件，最终影响蔬菜的运输质量。因此，堆码要注意安全稳当，要有支撑和垫条，防止运输途中移动或倾倒，堆码不要过高，纸箱可堆成"井"字形、"品"字形，菜筐采用筐口对装法。各种装车方法的共同宗旨是：①稳固。可有效防止丝瓜运输中的机械损伤。②合理堆码，通风。蔬菜箱与车壁间留出空隙，在每个包装个体之间留出适当的间隙，以使车内空气能顺利流通，进而调节运输环境的温、湿度和气体条件。③保持均匀的车内温度。冷藏运输时使每箱菜都能接触到冷空气；保温流通时使车中心蔬菜与边际蔬菜保持较一致的温度。④文明装卸。丝瓜质地脆嫩，装卸中易产生机械损伤，一旦发生将大大降低其商品性及贮藏性，因此，丝瓜的运送装卸一定要做到轻拿轻放、文明装卸，以减少机械损伤。

6. 设备消毒 装菜前，应对车船等设备仔细清扫，彻底消毒，确保卫生。

7. 不混装 长距离、大量运输丝瓜时最好不与其他蔬菜混装，因为各种蔬菜所产生的挥发性物质会相互干扰，尤其是不能和易产生乙烯类的蔬菜（如番茄）在一起，因为微量的乙烯也可引起丝瓜早衰。

主 要 参 考 文 献

柏文军，2014. 大棚西瓜-丝瓜-夏大白菜高效栽培［J］. 现代农业科技（22）：
　75‐76.

陈万玉，尤春，2018. 大棚番茄-丝瓜-青蒜套种栽培［J］. 上海蔬菜（6）：
　25‐26，28.

王强，2018. 大棚豇豆-丝瓜-芹菜-小白菜周年高效安全生产技术［J］. 蔬菜
　（9）：37‐40.

尹敏华，2008. 大棚番茄、夏丝瓜、秋莴苣高效设施栽培初探［J］. 上海农业
　科技（6）：108.

袁建玉，何丹，徐媛，2020. 免耕菜苜蓿-丝瓜（苦瓜）设施高效绿色栽培
　［J］. 长江蔬菜（1）：40‐42.

张芸，柏文军，2013. 草莓-丝瓜-小白菜高效栽培技术［J］. 现代农业科技
　（23）：117，120.

张正华，唐文涵，2009. 大棚黄瓜-丝瓜-小白菜-西芹周年栽培技术［J］. 现
　代农业科技（6）：48.

图书在版编目（CIP）数据

设施丝瓜高效栽培新技术、新模式 / 冯翠主编 . —
北京：中国农业出版社，2024.5
　ISBN 978-7-109-31990-5

　Ⅰ．①设…　Ⅱ．①冯…　Ⅲ．①丝瓜-蔬菜园艺-设施
农业　Ⅳ．①S642.4

中国国家版本馆 CIP 数据核字（2024）第 103829 号

中国农业出版社出版
地址：北京市朝阳区麦子店街 18 号楼
邮编：100125
责任编辑：李　瑜
版式设计：杨　婧　责任校对：范　琳
印刷：中农印务有限公司
版次：2024 年 5 月第 1 版
印次：2024 年 5 月北京第 1 次印刷
发行：新华书店北京发行所
开本：880mm×1230mm　1/32
印张：3.25　　插页：2
字数：85 千字
定价：28.00 元

彩图 1　灰霉病　　　　　　　　　　　彩图 2　霜霉病

彩图 3　白粉病

彩图 4　疫病　　　　　　　　　　　　彩图 5　病毒病

彩图 6　枯萎病　　　　　　　　彩图 7　细菌性角斑病

彩图 8　根结线虫病

彩图 9　美洲斑潜蝇危害状

彩图 10　蚜虫危害状

彩图 11　红蜘蛛危害状

彩图 12　瓜绢螟危害状

彩图 13　蓟马危害状　　　　　彩图 14　瓜实蝇危害状